科学
新探索
读本

生物群落的探究

编　　写　《科学新探索读本》丛书编写组
主　　编　赵玉山　高丽芳
执行主编　王苹　倪涵

中国地图出版社

目

录

编写说明

本套科普图书定位于青少年课外科学普及、课堂科学素养的补充。既立足于科学"新"探索——科学的新发现、新问题、新角度、新观点，力争提供新颖别致的写作和阅读角度，让青少年在平实、简单、有趣的文字中认识科学、亲近科学、走进科学，激发他们在习以为常的科学现象和规律中进行新的发现和思考；同时也将立足于课堂知识，是青少年科学课堂知识有益、必要、恰当的补充和扩展，架起普通常识和科学探究之间的桥梁，鼓励学生从当下出发，从课堂出发，从生活出发，探究大千世界、万物原理，在课堂内外、自身与世界之间获得探究的乐趣和自信，拉近科学与普通人的距离。上述两点，是本套丛书的编写定位和立足角度。

本套丛书首批设计 16 册，包括小学 8 册，初中 8 册，核心内容涵盖基础教育各学科科学素养全部知识点，围绕国家基础教育课程标准所列知识内容，力求做到既同步于课堂知识，成为学生学习的助手、伙伴、老师，又独立于课堂体系，是其丰富的、有益的、最新科学知识的补充扩展；既是科学第二教材、科学趣味读本，也是课外活动手册、家庭科学活动材料。可以配合小学一年级至初中三年级共九年学段同步阅读，也可独立成体系，供小学、初中任何年级学生成套独立阅读。丛书从不同的角度切入，涵盖生理、心理、天文、地理、自然、动物、植物、空间、能源、科技等方方面面。丛书力求图文并茂，在文字叙述和引导的同时，提供大量精美精致的图片，让小读者在深入浅出的故事中走进科学殿堂，早日成为未来具有科学素养的公民。

《科学新探索读本》丛书编写组

二〇一一年四月

个性十足的 生物群落

① 不同生物一个家

凝思一刻

　　仔细观察右图，我们会发现这个池塘中生活着许许多多的生物，有荷花、芦苇、水草等植物，鱼、蝌蚪、虾、贝等动物，还有细菌、真菌等微生物。所有这些不同的生物都生活在

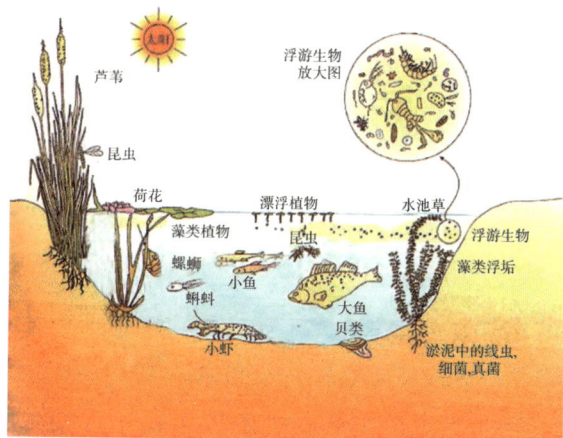

▲池塘里的生物群落

池塘这个共同的环境中，把池塘中所有生物的大家庭看作一个整体，这个整体我们叫它生物群落。

学海漫步

▲生物群落

　　生物群落是生活在一定生境中的全部生物（包括植物、动物和微生物）以各种方式彼此作用、相互影响而形成一个统一的整体。例如一片由不同的乔木、灌木和草本植物组

个性十足的 生物群落

成的森林以及生活在森林里面的动物和微生物，其中植物为动物提供住处和食物，动物之间存在捕食关系，微生物靠分解动植物残骸为生，它们共同构成一个生物群落；再如一根腐烂的树桩，上面生活着多种真菌和昆虫，也可看作一个生物群落。

因此，生物群落可定义为生活在一定的自然区域内，相互之间具有直接或间接关系的各种生物的总和。植物、动物、微生物三大功能类群相互作用相互影响，彼此之间以物质和能量为纽带紧密地联系在一起，组成了生物群落。

生物群落中各种生物之间的关系

1. 营养关系　当一个物种以另一个物种（不论是活的还是它的死亡残体，或它们生命活动的产物）为食时，就产生了这种关系。营养关系又分直接的营养关系和间接的营养关系。采集花蜜的蜜蜂，吃动物粪便的粪虫，这些动物与作为它们食物的物种的关系是直接的营养关系；当两个物种为了同样的食物而发生关系时，它们之间就产生了间接的营养关系，因为这时一个物种的活动会影响另一个物种的取食。

2. 成境关系　指一个物种的生命活动使另一个物种的居住条件发生改变。植物在这方面起的作用特别

▲食草动物

大。林冠下的灌木、草类和地被以及所有动物栖居者都处于较均一的温度、较高的空气湿度和较微弱的光照等条件下。植物还以各种不同性质的分泌物（气体的和液体的）影响周围的其他生物。一个物种还可以为另一个物种提供住所，例如，动物的体内或巢穴共栖现象，树木干枝上的附生植物等。

3. 助布关系　指一个物种参与另一个物种的分布，在这方面动物起主要作用。它们可以携带植物的种子、孢子、花粉，帮助植物散布。

营养关系和成境关系在生物群落中意义重大，是生物群落存在的基础。正是这两种相互关系把不同种的生物聚集在一起，把它们结合成不同规模的相对稳定的群落。

🔍 开阔视野

早在1807年，近代植物地理学的创始人Alexander Humboldt首先注意到自然界植物的分布不是零乱无章的，而是遵循一定的规律而集合成群落。他指出每个群落都有其特定的外貌，它是群落对生境因素的综合反应。1909年，丹麦植物学家E.Warming在其经典著作《植物生态学》中把群落定义为："一定的种所组成的天然群聚即群落"。最具代表性的定义是1908年B.H.Cykayeb院士提出的植物群落是"不同植物有机体的特定结合，在这种结合下，存在植物之间以及植物与环境之间的相互影响"。

另一方面，有些动物学家也注意到不同动物种群的群聚现象。1877年，德国生物学家Karl Mobius观察到牡蛎只出现在一定的盐度、温度、光照等条件下，而且总与一定组成的其他动物（鱼类、甲壳类、棘皮动物）生长在一起，形成比较稳定的有机整体，Mobius称这一有机整体为生物群落。之后，生物群落生态学的先驱者V.E.Shelford对

个性十足的 生物群落

生物群落定义为"由一致的种类组成且外貌一致的生物聚集体"。美国著名生态学家E.P.Odum在他的《生态学基础》一书中，对这一定义做了补充，除种类组成与外貌一致外，还"具有一定的营养结构和代谢格局"，它"是一个结构单元""是生态系统中具生命的部分"。并指出群落的概念是生态学中最重要的原理之一，因为它强调了这样的事实，即各种不同的生物能在有规律的方式下共处，而不是任意散布在地球上。特定空间或特定生境下生物种群有规律的组合，它们之间以及它们与环境之间彼此影响，相互作用，具有一定的形态结构与营养结构，执行一定的功能。

2 群落的基本单位——种群

遐思一刻

种群的英文是"population"，这个术语是从拉丁语派生而来的，一般译为人口，也有人译为"居群"和"繁群"等，它的意思是指在一定空间范围内的同种生物所有个体的总和。这个

▲草地

术语在生态学、遗传学、分类学和生物地理学等学科中也有广泛的应用。例如，某山地上的所有杉木构成一个杉木种群，水田里的浮萍也是一个种群。大到全世界的芦苇种群，小到一个具体湖泊中的芦苇种群；一片石竹花丛、温室内盆栽的一批小麦也都可以看作种群。想一想，上页图所示的草地上有多少种群呢？所有的植物构成一个种群吗？

学海漫步

种群是生物群落的基本组成单位，群落是由种群所组成的。生活在某一特定环境中的种群个体，不是杂乱无章的，它们是通过某种关系而组成的一个统一体。因此，种群不等于个体的简单累加，而是有自身的特性的。例如，个体有年龄、性别，而作为一个种群就有年龄结构、性别比例等。

种群的密度

一个种群的大小，就是指一定区域内所含个体数量的多少。如果用单位面积或容积内个体数目来表示种群数量或种群大小，就是种群密度。由此可见，种群数量和密度是有区别的，只有在限定面积和空间大小的情况下研究种群的数量才有意义，即种群密度。种群密度是种群最基本的数量特征。农林害虫的预报、渔业上捕捞强度的确定等，都需要对种群密度进行调查。种群的密度变化很大，如土壤中的蜈蚣等节肢动物每平方米可能有成千上万只，而大型哺乳类动物如大象、老虎、狮子等可能每平方千米只有几头，甚至更少。对于植物种群来说，密度的大小关系到植物种群对光能及其他资源的利用效率，直接影响到种群及群落的生产量。因此，合理密植在园林及农业生产实践中是提高产量的手段之一。

种群数量通常随时间而变化，在适宜的环境条件下种群数量增加，反之则减少。种群数量的变化与出生率和死亡率以及种群

迁入迁出　　　　　出生死亡　　　　　天敌捕食

人工捕杀　　　　　干旱死亡　　　　　野火死亡

▲种群数量变化的原因

的迁入或迁出有关，出生和迁入是使种群数量增加的因素，死亡和迁出是使种群数量减少的因素。在封闭种群中，不存在与外界的个体交换，种群数量的变化仅与出生率和死亡率有关。

出生率是指在一特定的时间内，一种群新诞生个体占种群现存个体总数的比例；死亡率则是在一特定的时间内，一种群死亡个体数占现存个体总数的比例。自然状态下，出生率与死亡率决定种群密度的变化。出生率大于死亡率，种群密度增长，反之则降低。许多生物种群还存在着迁入、迁出的现象，大量个体的迁入或迁出会对种群密度产生显著影响。

种群的性别比例

种群的性别比例是指种群中雌雄个体的数目比，自然界中，不同种群的正常性别比例有很大差异，有些种群以雌性个体为主，如轮虫、枝角类等孤雌生殖的动物种群。还有一类雄性多于雌性，常见于社会

生活的昆虫种群，如蜜蜂。另外有些动物有性转变特点，如黄鳝，幼年全为雌性，繁殖后多数转变为雄性。性别比例对种群数量有一定的影响，例如用性诱剂大量诱杀害虫的雄性个体，会使许多雌性害虫无法完成交配，导致种群密度下降。

种群的年龄结构

种群的年龄结构是指各个年龄级的个体数在种群中的分布情况，也称为年龄分布或年龄组成，它是种群的一个重要特征。不同群落中有不同的种群年龄结构，通过了解群落中全部种的种群组成及其年龄结构，就可以在一定程度上推测群落的发展趋势。

增长型：在增长型种群中，老年个体数目少，年幼个体数目多，在图像上呈金字塔形，今后种群密度将不断增长，种内个体越来越多。

稳定型：现阶段大部分种群是稳定型种群，稳定型种群中各年龄结构适中，在一定时间内新出生个体与死亡个体数量相当，种群密度保持相对稳定。

衰退型：衰退型种群多见于濒危物种，此类种群幼年个体数目少，老年个体数目多，死亡率大于出生率，这种情况往往导致恶性循环，种群最终灭绝，但也不排除生存环境突然好转、大量新个体迁入或人工繁殖等一些根本扭转发展趋势的情况。

种群的空间格局

组成种群的个体在其空间中的位置状态或布局，称为种群空间格局。种群的空间格局大致可分为3类：

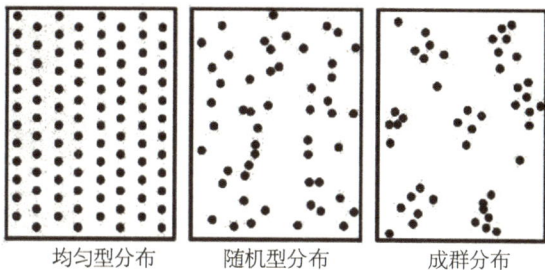

均匀型分布　随机型分布　成群分布

▲种群的空间格局

个性十足的 生物群落

▲均匀分布的乔木

1. 均匀型分布　指种群在空间按一定间距均匀分布产生的空间格局。根本原因是在种内斗争与最大限度利用资源间的平衡。很多种群的均匀型分布是人为所致，例如，在农田生态系统中，水稻的均匀分布。自然界中亦有均匀型分布，例如，森林中某些乔木的均匀分布。

2. 随机型分布　是指每一个体在种群领域中各个点上出现的机会是相等的，并且某一个体的存在不影响其他个体的分布。随机分布比较少见，因为在环境资源分布均匀，种群内个体间没有彼此吸引或排斥的情况下，才易产生随机分布。例如，森林地被层中的一些蜘蛛，面粉中的黄粉虫等。

3. 成群分布　成群分布是最长见的一种分布方式，其分布形成的原

▲成群分布的蚜虫

因是：

（1）环境资源分布不均匀，富饶与贫乏相嵌；

（2）植物传播种子方式使其以母株为扩散中心；

（3）动物的社会行为使其结合成群。

成群分布又可进一步按群本身的分布状况划分为均匀群、随机群和成群群，后者具有两级的成群分布。

✏️ **实践演练**

俄罗斯生态学家 G.W. 高斯曾进行试验，在 0.5 毫升培养液中放入 5 个大草履虫，每 24 小时统计一次该种群的种群密度，结果见下图，由图可知，大草履虫在进行了快速的增长后，稳定在 75 只（K 值）这个数量上。

种群在数量上，存在一个上限，这个上限就被称为环境容量，简记"K 值"，代表环境对该种群最大承载量，或该种群在该环境的最大数量。一个种群在种群密度为 $K/2$ 时，增长率最快，这可以指导经济生物的采集，让种群密度始终控制在 $K/2$ 的范围内，"多余"的进行采集，可以让经济生物保持最快的增长。

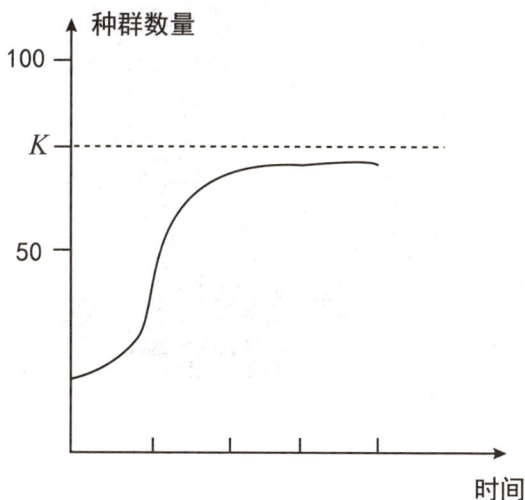

▲ 草履虫种群增长曲线

个性十足的
生物群落

3 群落的物种多样性

遐思一刻

▲巍巍泰山

28亿年前，泰山岩石在苍茫的大海中孕育形成，历经亿万年的沧桑，一个个生命的物种开始在这里繁衍生息。这些岩石上饱含着东方的神韵。28亿年后，泰山——这座大自然的杰作，以其深厚的自然和文化底蕴，被联合国认定为世界自然与文化遗产，成为世界人民心目中的名山。作为世界双遗产名山，泰山不仅有着雄伟壮丽的自然景观和人文景观，同时，泰山也具有丰富的生物资源和很高的生物学价值。泰山地处暖温带气候区，雄踞于华北大平原，相对海拔1 400米，蕴藏着丰富的动植物资源，成为动植物资源的"安全岛"。泰山共有野生种子植物758种，隶属于408属101科，囊括我国种子植物区系30%。泰山广布着许多白垩纪和早第三纪就已形成的古老科属植物，还有大量表现特有的和原始性的世界性单型属和世界性少型属（青檀、侧柏），是一座巨大的绿色天然宝库。

学海漫步

物种多样性是群落生物组成结构的重要指标，它不仅反映群落组织化水平，而且可以通过结构与功能的关系间接反映群落功能的特征。

在热带森林的生物群落中，植物种类以万计，无脊椎动物种类以十万计，脊椎动物种类以千计，其中的各个种群间存在非常复杂的联系。冻原和荒漠群落的种数要少得多。根据苏

▲多彩的生物

联学者季霍米罗夫的资料，在西伯利亚北部的泰梅尔半岛的冻原生物群落中共有139种高等植物，670种低等植物，大约1 000种动物和2 500种微生物。与此相应，这些生物群落的生物量和生产力，也比热带森林小得多。生物群落的复杂程度用物种多样性这一概念表示，多样性与出现在某一地区的生物种的数量有关，也与个体在种之间的分布均匀性有关。例如，两个群落都含有5个种和100个个体，在一个群落中这100个个体平均地归属于全部5个种之中，即每1个种有20个个体，而在另一个群落中80个个体属于1个种，其余20个个体则属于给另外的4个种，在这种情况下，前一群落比后一群落的多样

生物群落

性高。在温带和极地地区，只有少数物种很常见，而其余大多数物种的个体很稀少，这些地区的物种多样性就很低；在热带（热带雨林），个体比较均匀地分布在所有种之间，相邻两棵树很少是属于同种的，物种多样性就相对较高。群落的物种多样性与进化时间，生态环境及其稳定性有关。热带最古老，形成以来环境最稳定，高温多雨气候对生物的生长最为有利，所以物种多样性最高。在严酷的冻原环境中，情况相反，所以物种多样性低。

世界生物的多样性

生物多样性的丰富程度通常以某地区的物种数来表达，全世界大约有 500 万 ~5000 万个物种，但实际上在科学上描述的仅有 140 万种。除对高等植物和脊椎动物的了解比较清楚外，对其他类群如昆虫、低等无脊椎动物、微生物等类群，还很不了解。表中初步估计有昆虫75万种，脊椎动物4.1万种，有花植物和

类群	已描述的物种数	类群	已描述的物种数
细菌和蓝绿藻	4 760	其他节肢动物和小型无脊椎动物	132 461
藻类	26 900		
真菌	46 983	昆虫	751 000
苔藓植物（藓类和地钱）	17 000	软体动物	50 000
裸子植物（针叶植物）	750	海星	6 100
被子植物（有花植物）	250 000	鱼类（真骨鱼）	19 056
原生动物	30 800	两栖动物	4 184
海绵动物	5 000	爬行动物	6 300
珊瑚和水母	9 000	鸟类	9 198
线虫和环节动物	24 000	哺乳动物	4 170
甲壳动物	38 000		

▲ 世界生物的多样性

苔藓约 25 万种。简便起见，通常假定全世界有 1 000 万种生物，可以大致反映出整个生物界的概貌。

生物多样性并不是均匀地分布于全球，热带雨林仅占全球陆地面积 7%，却容纳了全世界半数以上的物种。

群落物种多样性的梯度变化

群落物种多样性的变化特征是指群落组织水平上物种多样性的大小随某一生态因子的变化而出现梯度变化的规律。

纬度梯度：从热带到两极随着纬度的增加，生物群落的物种多样性有逐渐减少的趋势。如北半球从南到北，随着纬度的增加，植物群落依次出现为热带雨林、亚热带常绿阔叶林、温带落叶阔叶林、寒温带针叶林、寒带苔原，伴随着植物群落有规律的变化，物种丰富度和多样性逐渐降低。

海拔梯度：随着海拔的升高，在温度、水分、风力、光照和土壤等因子的综合作用下，生物群落表现出明显的垂直地带性分布规律。在大多数情况下物种多样性与海拔高度呈负相关，即随着海拔高度的升高，群落物种多样性逐渐降低。如喜马拉雅山维管植物物种多样性的变化，就表现出这样的规律。

环境梯度：群落物种多样性与环境梯度之间的关系，有的时候表现明显，而有的时候则表现不明显。如

▲生物群落的梯度变化

Gartlan 研究发现土壤中 P、Mg、K 的含量与热带植物群落物种多样性之间存在着显著的关系。Gentry 对植物群落物种多样性进行的研究表明，热带雨林的物种多样性与年降雨量呈显著正相关，而在热带亚洲森林中，两者则不存在相关关系。

时间梯度：大多数研究表明，在群落演替的早期，随着演替的进展，物种多样性增加。在群落演替的后期当群落中出现非常强的优势种时，多样性会降低。

群落的多样性与稳定性

多数生态学家认为，群落的多样性是群落稳定性的一个重要尺度，多样性高的群落，物种之间往往形成了比较复杂的相互关系，食物链和食物网更加趋于复杂，当面对来自外界环境的变化或群落内部种群的波动时，群落由于有一个较强大的反馈系统，从而可以得到较大的缓冲。从群落能量学的角度来看，多样性高的群落，能量流动途径更多一些，当某一条途径受到干扰被堵塞不通时，就会有其他的路线予以补充。

另一些生态学家认为，生物群落的波动是呈非线形的，复杂的自然生物群落常常是脆弱的，如热带雨林这一复杂的生物群落比温带森林更易遭受人类的干扰而不稳定。共栖的多物种群落，某物种的波动往往会牵连到整个群落。他们提出了多样性的产生是由于自然的扰动和演化两者联系的结果，环境的多变的不可测性使物种产生了繁殖与生活型的多样化。

物种多样性在生物群落中的功能和作用

在生物群落中不同物种的作用是有差别的。其中有一些物种的作用是至关重要的，它们的存在与否会影响到整个生物群落的结构和功能，这样的物种称为关键种。关键种的作用可能是直接的，也可能是间接的；可

大熊猫　　　　麋鹿　　　　扬子鳄

金丝猴　　　　大鲵（娃娃鱼）　　　白鳍豚

▲ 稀有动物

能是常见的，也可能是稀有的；可能是特异性（特化）的，也可能是普适性的。依功能或作用不同，可将关键种分为捕食者、食草动物、病原体和寄生虫、竞争者、共生种、掘土者、系统过程调控者7类。关键种的鉴定目前比较成功的研究多在水域生态系统，而陆地生态系统的成功实例相对较少。

🔍 开阔视野

中国的物种多样性

中国是生物多样性丰富的国家之一。从已记录的物种数目上看，哺乳动物为世界第5位，鸟类为世界第10位，两栖类为世界第6位，种子植物居世界第3位，新的物种还在不断地被发现。占生物界56.4%的昆虫估计在中国有15万种以上，而已定名的有4万种左右，

约占总数的 1/4。

　　我国特有物种较为丰富，特有植物估计有 15 000 ～ 18 000 种，约占维管植物总数的 50% ～ 60%，在世界上处于第 7 位。特有高等脊椎动物总数在世界上处于第 8 位。

特有物种

银杉

水杉

白鳍豚

古老物种

大叶木兰

鹅掌楸

扬子鳄

▲特有物种和古老物种

4 丛林生存法则——种间关系

▲猞猁捕食雪兔

生活在加拿大北方森林中的猞猁捕食雪兔。研究人员从1845年到1855年的10年时间里，对猞猁和雪兔的种群数量作了研究，结果显示猞猁和雪兔种群数量之间存在相关性。例如，猞猁数量的增加导致雪兔减少；而雪兔的减少，又会造成猞猁减少，之后雪兔又大量增加。从多年的调查看，雪兔和猞猁相互制约，从而使它们的种群数量保持在一定范围内波动。这两种生物之间存在什么样的关系，使得雪兔增加时猞猁也增加，而雪兔减少时猞猁也减少？

学海漫步

种间关系是指不同物种种群之间的相互作用所形成的关系。两个种群的相互关系可以是间接的，也可以是直接的相互影响。这种影响可能是有害的，也可能是有利的。

个性十足的 生物群落

原始合作

指两种生物共居在一起，对双方都有一定程度的利益，但彼此分开后，各自又都能够独立生活。这是一种比较松懈的种间合作关系。海洋甲壳动物蟹类的背部常附生着多种腔肠动物，如寄居蟹和海葵。共居时，腔肠动物借助蟹类获取栖息所和残余食物；而蟹类则依靠腔肠动物获得安全庇护，双方互利，但又并非绝对需要相互依赖，分离后各自仍能独自生活，这便是典型的原始合作关系。有些学者也把它称为互生关系。

共栖

指两种共居，一方受益，另一方也无害或无大害。前者称共栖者，后者称宿主。共栖者是主动的。按共栖状况分为外共栖和内共栖。彼此分离后，有的共栖者往往不能独立生活。这是一种比较密切的种间合作关系。例如，我国唐代刘恂在《岭表录异》中所记载的海镜和小蟹间的奇异关系，就是典型的共栖。海镜又名海月，是一种海洋贝类。小蟹即豆蟹，是一类形如黄豆粒的小型蟹类。豆蟹总是一雌一雄双双生活在海月等动物的体内。饿了，双双外出捕食；饱了，成对回来休息。豆蟹一旦离开宿主，也即"逡巡亦毙"，不能独立生活。此种关系，对小蟹有利，对贝类也无大的害处。有的学者，也常将上述的原始合作和共栖两种形式统称为共栖。

共生

共生有广义的和狭义的两种概念。广义的是指物种共居一起，彼此创造有利的生活条件，较之单独生活时更为有利，更有生活力；狭义的指物种相互依赖，相互依存，一旦分离，双方都不能正常地生活。

按共居状况分为外共生和内共生。清洁鱼或清洁虾在鱼类的
体表，以吞食病灶组织和细菌等为生，兼为鱼类治病，这属于体外共生。鞭毛虫寄居在白蚁或其他动物的消化道里，消化纤维素供给宿主，宿主

▲ 豆科植物与根瘤菌的共生关系

则为其提供营养和栖所，这属于体内共生。有些单细胞的藻类、细菌生活在原生动物的细胞内，并有物质交流，这属于胞内共生。胞内共生在进化论上有重要的意义。共生是一种更加密切的、结合比较牢固的种间合作关系。也有学者把共生称为互利。

寄生

指一种生物生活在另一种生物的体内或体表，并从后者摄取营养以维持生活的种间关系。前者称寄生物，后者称宿主或寄主。生物界的寄生现象十分普遍，几乎没有一种生物

▲ 植物间的寄生

不被寄生，连小小的细菌也要受到噬菌体的寄生。在寄生关系中，一般寄生物为小个体，寄主为大个体，以小食大。而且大都为一方受益，一方受害，甚至引起寄主患病或死亡。同时寄生双方又互为条件，相互制约，共同进化。寄生是生物种间的一种对抗性的相互关系。

捕食

▲捕食

指一种生物以另一种生物为食的种间关系。前者谓之捕食者，后者谓被捕食者。捕食关系在自然界中是非常普遍的。例如，兔和草类、狼和兔等都是捕食关系。而且经过漫长的生物进化后，捕食者和被捕食者之间的关系是一定的，是不能颠倒的。在通常情况下，捕食者为大个体，被捕食者为小个体，以大食小。捕食的结果，一方面能直接影响被捕食者的种群数量，另一方面也影响捕食者本身的种群变化，两者关系十分复杂。

竞争

竞争是两种或两种以上生物相互争夺资源和空间等。竞争的结果表现为相互抑制，有时表现为一方占优势，另一方处于劣势甚至灭亡。例如，看麦娘的天然群落中，狐茅不能生长，因为它被看麦娘的快速生长和遮荫所抑制。高斯有一个著名的实验，他将大草履虫和双核小草履虫混合培养，16天后，只剩下后者。这说明具有相同需要的两个不同的种，不能永久地生活在同一环境中，否则，一方终究要取代另一方，即一个生态位只能为一种生物所占据，这种现象被称作高斯原理。

▲ 狮群与大象

实践演练

1934年，生态学家高斯选用了两种形态和生活习性上很接近的草履虫进行了以下实验：取相等数量的双小核草履虫和大草履虫，用同一种杆菌为诱饵，放在某个容器中培养。结果发现：开始时两个种群的数量都有增长，随后双小核草履虫个体数继续增加，而大草履虫个体数下降，16天后只有双小核草履虫存活。这两种草履虫都没有分泌杀死对方的物质。高斯还对两种草履虫进行了单独培养，培养的结果，两种草履虫的数量一开始都是增加的，后来都维持在一个最大值。如何解释这一实验结果呢？

生物群落

5 绝对地位的领导力——优势种

遐思一刻

▲ 高大的乔木是森林的优势种

群落中的物种极多，调查表明，一个森林群落中的生物，在4 000平方米中大约有400多个物种，这些物种彼此之间的关系错综复杂，使群落成为一个有内在联系和自我调节能力的整体，保持相对稳定，处于动态平衡。虽然群落中各种生物的数量保持平衡，但不是相等，总有某些物种的数量比其他物种多些。如果这个物种不仅数量多，而且生产量大，在群落结构中（如在能量流动及物质循环中、在维持群落稳定性中）起主要作用，那么它就成为优势种。

学海漫步

每种植物在群落中所起的作用是不一样的。常常一些物种以大量的个体，即大的种群出现；而另一些物种以少量的个体，即小的种群

▲ 不同群落里的优势种

出现。个体多而且体积较大（生物量大）的植物物种决定了群落的外貌。例如，绝大多数森林和草原生物群落的外貌景观取决于一个或若干个植物物种，如中国山东半岛的大多数栎林景观取决于麻栎，燕山南麓的松林景观取决于油松，内蒙古高原中东部锡林郭勒盟的针茅草原景观取决于大针茅或克氏针茅等。在由数十种甚至百余种植物组成的森林中，常常只有一种或两种乔木提供90％的木材。群落中的这些个体数量和生物量很大的物种叫做优势种，它们在生物群落中占居优势地位。

各层的优势种可以不止一个种，即共优种。在我国热带森林里，乔木层的优势种往往都是由多种植物组成的共优种。在不同的群落中，由于结构及组成不同，优势种也是不相同的。在热带雨林中，植物的种类特别丰富、数量占绝对优势的是木本植物。在物种组成上，高等植物多为乔木，还富含藤本植物和附生植物。常绿阔叶林则主要以壳斗科、樟科、山茶科、木兰科等常绿阔叶树种为主。落叶阔叶林的优势树种为壳斗科的落叶乔木，如山毛榉属、栎属、栗属、椴属等树种，

生物群落

▲ 落叶阔叶林

其次为桦木科、槭树科、杨柳科的一些树种。北方针叶林种类组成相对比较贫乏，乔木以松、云杉、冷杉和落叶松等属的树种占优势。

此外，群落主要层（如森林的乔木层）的优势种，称为建群种，如兴安落叶松是大兴安岭落叶松林建群种。建群种在个体数量上不一定占绝对优势，但决定着群落内部的结构和特殊环境条件。如在主要层中有两个以上的种共占优势，则把它们称为共建种。

温带和寒带地区的生物群落中，建群种比较明显；无论森林群落、灌木群落、草本群落或藓类群落，都可以确定出建群种（有时不止

▲ 针叶林常见的优势种

一个）。亚热带和热带，特别是热带的生物群落，优势种不明显，很难确定出建群种来。除优势种外，个体数量和生物量虽不占优势但仍分布广泛的物种是常见种；个体数量极少，偶尔出现的物种是偶见种。

▲ 建群种

生物群落中的大多数生物种，在某种程度上与优势种和建群种相联系，它们在生物群落内部共同形成一个物种的综合体，叫做同生群。同生群也是生物群落中的结构单位。例如一个优势种植物，和与它相联系的附生、寄生、共生的生物以及以它为食的昆虫和哺乳动物等共同组成一个同生群。

6 群落的外貌

❓ 遐思一刻

群落的外貌是认识植物群落的基础，也是区分不同植被类型的主要标志，如森林、草原和荒漠等，首先就是根据外貌区别开来的。而就森林而言，针叶林、落叶阔叶林、常绿阔叶林和热带雨林等，也是根据外貌区别出来的。

个性十足的

生物群落

群落的外貌决定于群落优势物种的生活型和层片结构。

热带雨林

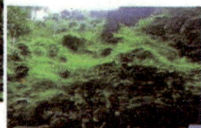
常绿阔叶林

落叶阔叶林

生活型

生活型是生物对综合环境条件长期适应、在外貌反映出来的植物外部表

苔原

针叶林

现形式。生活型主要指植物的外貌特征，如植株大小、形状、株形、生命周期长短等。通常将植物分为乔木、灌木、藤本、多年生草本、一年生草本等生活型，据其外貌而划分，是植物对外界环境适应的外部表现形式，同一生活型的植物不但体态上是相似的，而且在形态结构、形成条件甚至某些生理过程也具相似性。

目前生活型划分广泛采用的是丹麦植物学家 Christen RaunRiaer 的方法。他把植物的生活型分成五大类群，高位芽植物（25厘米处）、地上芽植物（25厘米以下）、地面芽植物（位于近地面土层内）、隐芽植物（位于较深土层或水中）和一年生植物（以种子越冬），在各类群之下再细分为30个较小的类群。我国植被学著作中采用的是按体态划分的生活型系统，该系统把植物分成木本植物、半木本植物、草本植物、叶状体植物四大类别，再进一步划分成更小的或低级的单

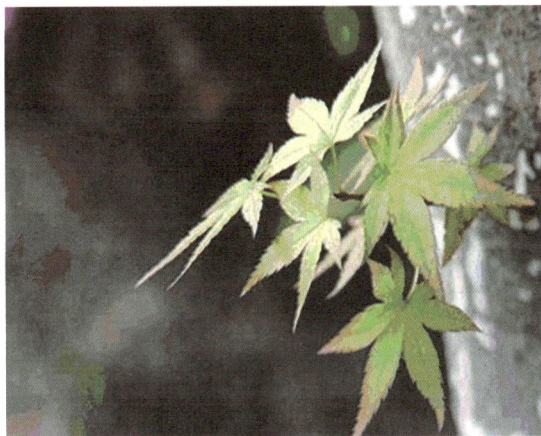
▲混交林

位。对于层片的划分，可以根据研究的需要，分别使用上述系统中的高级划分单位或低级划分单位。

层片结构

层片一词系瑞典植物学家加姆斯首创。他起初赋于这一概念以三个方面的内容，即把层片划分为3级：一级层片，即同种个体的组合；二级层片，即同一生活型的不同植物的组合；三级层片，即不同生活型的不同种类植物的组合。现在一般群落学研究中使用的层片概念，均相当于加姆斯的二级层片，即每一个层片都是由同一生活型的植物所组成。

层片作为群落的结构单元，是在群落产生和发展过程中逐步形成的。苏联著名植物群落学家 D.H.Cykaqeb 指出："层片具有一定的种类组成，这些种具有一定的生态生物学一致性，而且特别重要的是它具有一定的小环境，这种小环境构成植物群落环境的一部分。"

一般讲，层片具有下述特征：1.属于同一层片的植物是同一个生活型类别，但同一生活型的植物种只有其个体数量相当多，而且相互之间存在着一定的联系时才能组成层片。2.每一个层片在群落中都具有一定的小环境，不同层片小环境相互作用的结果构成了群落环境。3.每一个层片在群落中都占据着一定的空间和时间，而且层片的时空变化形成了植物群落不同的结构特征。

生物群落

▲ 混交林

需要说明一下层片与层的关系问题。在概念上层片的划分强调了群落的生态学方面，而层次的划分，侧重于群落的形态。层片是群落的三维生态结构，它与层有相同之处，但又有质的区别。例如，森林群落的乔木层，在北方可能属一个层片，但热带森林中可能属于若干不同层片。一般层片比层的范围要窄，因为一个层的类型可由若干生活型的植物所组成。例

如，常绿夏绿阔叶混交林及针阔混交林中的乔木层都含有两种生活型。再如草原群落中，羊草、大针茅和防风草属于同一层次，但羊草是根茎禾草层片，大针茅是丛生禾草层片，而防风

▲ 草原层片

▲ 混交林中的层片

草则是轴根杂类草层片。

层片有时和层是一致的，有时则不一致。

例如分布在大兴安岭的兴安落叶松纯林，兴安落叶松组成乔木层，它同时也是该群落的落叶针叶乔木层片。在混交林中，乔木层是一个层，但它由阔叶树种层片和针叶树种层片两个层片构成。在实践中，层片的划分比层的划分更为重要，但划分层次往往是区分和分析层片的第一步。

和层结构一样，群落层片结构的复杂性，保证了植物全面利用生境资源的可能性，并且能最大程度地影响环境，对环境进行生物学改造。

7 生物群落的垂直结构

返思一刻

如右图，一个生物群落在垂直方向上，具有明显的分层现象，各个生物种群分别占据了不同的空间位置，高大的乔木占据森林的上层，往下依次是灌木层和草

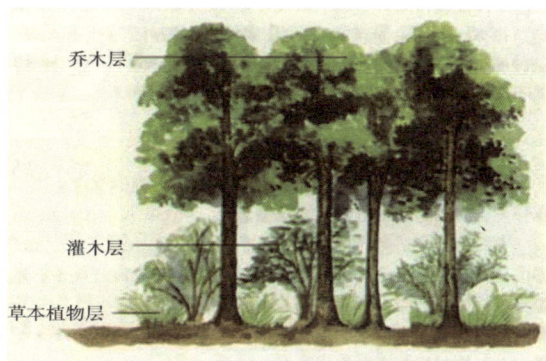

乔木层

灌木层

草本植物层

▲ 群落的垂直结构

个性十足的 生物群落

本植物层，这样就使群落具有一定的垂直结构。生物群落的这种结构对生物本身有什么影响呢？

学海漫步

群落的垂直结构，主要是指群落的分层现象。不同的植物（乔木、灌木、草本）生活在一起，它们的营养器官配置在不同高度（或水中不同深度），因而形成分层现象。分层使单位面积上可容纳的生物数目加大，使它们能更完全、更多方面地利用环境条件，大大减弱它们之间竞争的强度；而且多层群落比单层群落有更大的生产力。

陆地群落的分层，与光的利用有关，如森林中自上而下分别有乔木层、灌木层、草本植物层和苔藓等地被物层。这种分层结构的形成是自然选择的结果，它显著提高了植物利用环境资源的能力。上层乔木可以充分利用阳光，而树冠下被那些能够有效利用弱光的灌木所占据。穿过乔木层的光，有时仅占到达树冠的全光照的1/10，但林下灌木层下的草本层能够利用更微弱的光，草本

▲光的影响

层往下还有更耐荫的苔藓等地被物层。

分层现象在温带森林中表现最为明显，例如温带落叶阔叶林可清晰地分为乔木、灌木、草本和苔藓地衣（地被）4层。热带森林的层次结构最为复杂，有的层次最为发育，特别是乔木层，各种高度的巨树、一般树和小树密集在一起，但灌木层和草本层常常不太发育。草本群落一样也分层，尽管层次少些（通常只分为草本层和地被层）。

群落不仅地上分层，地下根系的分布也是分层的。群落地下分层和地上分层一般是相应的；乔木根系伸入土壤的最深层，灌木根系分布较浅，草本植物根系则多集中土壤的表层，藓类的假根则直接分布在地表。

生物群落的垂直分层与光照条件密切相关，每一层的植物适应于该层的光照水平，并降低下层的光强度。在森林中光强度向下递减的现象最为明显。最上层树处于全光照之中，平均说来，到达下层小树的光只有上层树（全光照）的10%～50%，灌木层只有5%～10%，而草本层则只剩1%～5%了。随着光照强度的变化，温度、空气湿度也发生变化。

陆生群落的分层结构是不同高度的植物在空间上垂直排列的结构，水生群落则在水面以下不同深度分层排列。如水生植物自上而下分为：挺水植物、浮水植物和沉水植物等。

生物中动物群落的分层现象也很普遍。动物的分层现象主要与食物有关，因为群落的不同层次提供不同的食物；其次与不同层次的微气候条件有关。如欧亚大陆北方针叶林区，在地被物层和草本层中，栖息着两栖类、爬行类、鸟类（丘鹬、榛鸡）、兽类（黄鼬）和各种啮齿类；在森林的灌木层和幼树层中，栖息着莺、苇莺和花鼠等；在森林的中层栖息着山雀、啄木鸟、松鼠和貂等；而在树冠层则栖息着

个性十足的 生物群落

麻雀总是成群地在森林的上层活动，吃高大乔木的种子。

煤山雀、黄腰柳莺、和橙红翁等鸟类总是森林的中层营巢。

血雉和棕尾虹则是典型的森林底层鸟类，吃地面上的苔藓和昆虫。

▲ 鸟类的分层现象

柳莺和交嘴雀等。

水域中，某些水生动物也有分层现象。比如湖泊、海洋的浮游动物即表现出明显的垂直分层现象。影响浮游动物垂直分布的原因主要决定于阳光、温度、食物和含氧量等。多数浮游动物一般是趋向弱光的，因此，它们白天多分布在较深的水层，而夜间则上升到表层活动，此外，在不同的季节也会因光照条件不同而引起垂直分布的变化。

🔍 开阔视野

林地也由于枯枝落叶层的积累和植物对土壤的改造作用，创造了特殊的动物栖居环境。较高的层（草群、下木）为吃植物的昆虫、鸟类、

▲ 枯枝落叶层的生物

哺乳动物和其他动物所占据。在枯枝落叶层的中部，到处是腐烂分解的植物残体、藓类、地衣和真菌，其中生活着昆虫、蝉、蜘蛛和大量的微生物。在土壤上层，挤满了植物的根，这里居住着细菌、真菌、昆虫、蝉、蠕虫。有时在一定深度的地下还有穴居的动物。

当然，也存在一些层外生物，它们不固定于某一个层。例如藤本植物、附生植物，以及从一个层到另一个层自由活动的动物，它们使划分层次困难化。在结构极其复杂的热带雨林中经常见到这种情况。

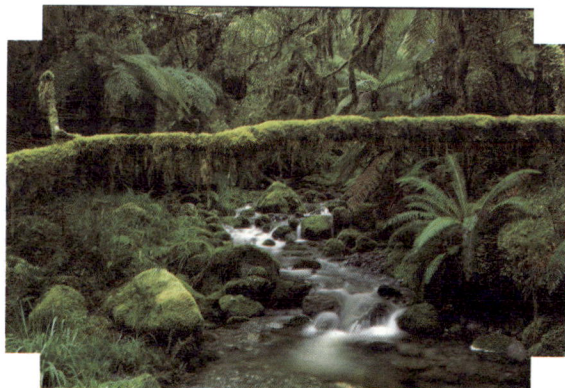

▲下层植物

因为下层生物是在上层植物遮荫所形成的环境中发育起来的，所以生物群落中不同层的物种间有密切的相互作用和相互依赖关系。群落上层植物强烈繁生，相应地下层植物的密度就会降低；而如果由于某种原因上层植物变得稀疏，下层的光照、热等状况得到改善，同时土壤中矿物养分因释放加强而增高，下层植物发育便会加强。下层的植物繁茂生长也对动物栖居者有利。这种情况特别反映在森林群落中，哪里乔木层稀疏便会导致哪里的灌木或喜光草本植被生长茂盛。而乔木层的完全郁闭，有时甚至抑制最耐荫的草本和藓类。

8 生物群落的水平结构

遐思一刻

▲ 锦鸡儿

在内蒙古草原上的一些群落中往往形成 1～5 米的锦鸡儿丛，呈圆形或半圆形的丘阜。这些锦鸡儿小群落内部由于聚集细土、枯枝落叶和水分，具有良好的水分和养分条件，形成一个局部优越的小环境。内蒙古草原上的锦鸡儿草丛就是镶嵌群落的典型例子，而镶嵌性则是群落水平结构的主要表现特征。

学海漫步

生物群落不仅有垂直方向的结构分化，而且还有水平方向的结构分化。群落的水平结构指群落的水平配置状况或水平格局，其主要表现特征是镶嵌性。

镶嵌性即植物种类在水平方向不均匀配置，使群落在外形上表现为斑块相间的现象。具有这种特征的群落叫做镶嵌群落。在镶嵌群落中，每一个斑块就是一个小群落，小群落具有一定数量的物种和生活型，它们是整个群落的一小部分。例如，在森林中，林下阴暗的地点有一些植物种类形成小型的组合，而在林下较明亮的地点是另外一些植物种类形成的组合。这些小型的植物组合就是小群落。小群落内部的植物较周围环境中的植物返青早、生长发育好，有时还可以遇到一些越带分布的植物。

▲镶嵌群落

在不同的斑块上，植物种类、数量比例、生产力以及其他性质都有不同。例如在一个草原地段，密丛草针茅是最占优势的种类，但它并不构成连续的植被，而是彼此相隔一定的距离(30～40厘米)分布的。各个针茅草丛之间的空间，则由各种不同的较小的禾本科植物和双子叶杂类草占据着，并混有鳞茎植物。但其中的某些植物也出现在针茅草丛的内部。因此，伴生少数其他植物的针茅草丛同针茅草丛之间生长有其他草类的空隙，它们在外貌、种间数量关系和质量关系上都有很明显的不同。但它们的差别与整个植物群落（针茅草原）比较起来，是次一级的差别，而且是不很明显的和不稳定的。

在森林中，在较阴暗的地点和较明亮的地点，也可以观察到在植

个性十足的 生物群落

▲寄生植物

物种类的组成和数量比例方面以及其他方面的类似差异。群落内水平方向上的这种不一致性，在某些情况下是由群落内环境的差别引起的，如影响植物种分布的光强度不同或地表有小起伏；在某些情况下是由于植物集群所引起；在另外的情况下，它们可能由种之间的相互作用引起，例如在寄主种的根出现的地方形成斑块状的寄生植物。动物的活动有时也是引起不均一性的原因。植物体通常不是随机地散布于群落的水平空间，它们表现出成丛或成簇分布。许多动物种群，不论在陆地群落还是水生群落，也具有成簇分布的性质。相比之下，有规则的分布是比较不常见的，某些荒漠中灌木的分布、鸟禽和少数其他动物的均匀分布是这种有规则分布的例子。

开阔视野

群落镶嵌性形成的原因，主要是群落内部环境因子的不均匀性，例如小地形和微地形的变化，土壤温度和盐渍化程度的差异，光照的强弱以及人与动物的影响。在群落范围内，由于存在不大的低地和高地因而发生环境的改变形成镶嵌，这是环境因子的不均匀性引起镶嵌性的例子。由于土中动物，例如田鼠活动的结果，在田鼠穴附近经常形成不同于周围植被的斑块，这是动物影响镶嵌性的例子。

生物的垂直结构与水平结构都与环境中的生态因素

▲ 活动中的田鼠

有关，垂直结构和水平结构的具体表现都是在长期自然选择基础上形成的对环境的适应。生物在垂直方向及水平方向上的位置分布关系有利于提高生物群落整体对自然资源的充分利用。

9 群落的四季变化

遐思一刻

在落叶阔叶林中，一些草本植物在春季树木出叶之前就开花，另一些则在晚春、夏季或秋季开花。随着不同植物出叶和开花期的交替，与之相联系的昆虫也依次出现：一些在早春出现，另一些在夏季出现。鸟类对季节的不同反应，表现为候鸟的季节性迁徙。

个性十足的 生物群落

▲ 鸟类的迁徙

群落中植物结构随时间季节而变化，例如荒漠群落雨后迅速萌发的短生植物层、春季落叶阔叶林树冠未长满新叶时的早春草本植物层等，它们与种群物候变化共同决定群落的季相特征。此外，各种群年龄结构也随时间变化，而其幼年期与成熟期的植株密度和高度不同必然影响整个群落的结构。

学海漫步

如果说植物种类组成在空间上的配置构成了群落的垂直结构和水平结构的话，那么不同植物种类的生命活动在时间上的差异，就导致了群落结构在时间上的相互配置，形成了群落的时间结构。在某一时期，某些植物种类在群落生命活动中起主要作用；而在另一时期，则是另一些植物种类在群落生命活动中起主要作用。

生物群落的季节变化受环境条件（特别是气候）周期性变化的制约，并与生物的生活周期相关联。群落的季节动态是群落本身内部的变化，并不影响整个群落的性质，有人称此为群落的内部动态。在中纬度及高纬度地区，气候四季分明，群落的季节变化也最明显。我国

北方草原生物量的季节变化就是一个例子，如羊草草原5月初植物萌发返青，7月份开花结实，8月中旬地上生物量达到高峰值，9月下旬植物地上部分枯黄并停止生长。在乌克兰草原上，遇到干旱年份时，旱生植物（如针茅、草及羊茅等）占优势，草原旅鼠和田鼠也会繁盛起来；而在气温较高且降水较丰富的年份，群落以中生植物占优势，同时喜湿性动物如普通田鼠与林姬鼠等就会增多。

季相

早春开花的植物，在早春来临时开始萌发、开花、结实，到了夏季其生活周期已经结束，而另一些植物种类则刚达到生命活动的高峰。所以在一个复杂的群落中，植物生长、发育的异时性会很明显地反映在群落结构的变化上，它是植物群落特征的另一种表现。植物群落的外貌在不同季节是不同的，随着气候季节性交替，群落呈现不同的外

▲季相

个性十足的 生物群落

貌，称之为季相。如北方的落叶阔叶林，在春季开始抽出新叶，夏季形成茂密的绿色林冠，秋季树叶一片枯黄，到了冬季则树叶全部落地，呈现出明显的四个季相。植物生长期的长短、复杂的物候现象是植物在自然选择过程中长期适应时间周期性变化的结果，它是生态—生物学特性的具体体现。

草原的四季

温带地区四季分明，群落的季相变化十分显著，如在温带草原群落中，一年可有四或五个季相。早春，气温回升，植物开始发芽、生长，草原出现春季返青季相。盛夏秋初，水热充沛，植物繁茂生长，色彩丰富，出现华丽的夏季季相。秋末，植物开始干枯休眠，呈红黄相间

▲ 草原的四季

的秋季季相。冬季季相则是一片枯黄。

草原群落中动物的季节性变化也十分明显。例如，大多数典型的草原鸟类，在冬季都向南方迁移；高鼻羚羊等有蹄类在这时也向南方迁移，到雪被较少、食物比较充足的地区，旱獭、黄鼠、大跳鼠、仓鼠等典型的草原啮齿类到冬季则进入冬眠。有些种类在炎热的夏季进入夏眠。此外，动物贮藏食物的现象也很普遍，如生活在蒙古草原上的达乌尔鼠兔，冬季在洞口附近积藏着成堆的干草，所有这一切，都是草原动物季节性活动的显著特征，也是它们对于环境的良好适应。

开阔视野

生物表现出与每日时间相关的行为规律：一些动物白天活动；另一些黄昏时活动；还有一些在夜间活动，白天则躲藏起来。大多数植物的花在白天开放，与传粉昆虫的活动相符合；少数植物在夜间开花，由夜间动物授粉。许多浮游动物在夜间移向水面，而在白天则沉至深处远离强光，但是不同的物种具有不同的垂直移动模式和范围，潮汐的复杂规律控制着许多海岸生物的活动。土壤栖居者也有昼夜垂直移动的现象。

▲ 专为某种兰花传粉的蛾

生物群落

10 是什么影响了群落的结构

遐思一刻

1989年美国国家科学委员会出版的《生物学中的机会》一书中认为："群落生态学中最令人感兴趣的问题是为什么有这么多的动植物种数，为什么它们现在这样分布着，以及它们是怎样发生相互作用的。到什么程度群落才确实是整体结构，而不是简单的个别种的聚合……"许多当代群落生态学家认为，群落生态学的中心问题就是群落的整体结构是如何形成的，其机理如何，即所谓的群落组织。群落的形成受哪些因素影响呢？我们今天就一起来探讨一下。

学海漫步

生物因素

群落结构总体上是对环境条件的生态适应，但在其形成过程中，生物因素起着重要作用，其中作用最大的是竞争与捕食。

竞争对群落结构的形成有重要影响。种间竞争对群落结构的形成影响很大，最直接的证据是在自然群落中对物种进行引进或去除实验。例如在美国亚利桑那州荒漠中有一种更格卢鼠和3种囊鼠共存，食性和栖息小生境上彼此有些区别，当去除一种，其他3种的小生境都有扩大。Schoener总结了类似的164例实验，平均有90%例子证明有种间竞争。

还有结果表明，海洋生物中有种间竞争的比例较陆地生物多；大型生物间比小型生物间竞争高；而植食性昆虫中竞争比例低，因为绿色植物到处都有，非常丰富，很少被一食而空，所以为食物资源而竞争的可能性比较小。

▲海面下的竞争

已有证据表明，竞争是群落形成的一个重要驱动因素。但竞争的重要性在多个群落间显然是不同的，而且常常只是影响物种之间相互作用的一小部分。

那么为什么许多调查结果显示的竞争往往是不强烈的呢？

一般认为：1.自然选择可能已有效地通过生态位划分而避免了竞争（或者抹去了过去竞争的痕迹）；2.在一个环境斑块中，具有强竞争力的物种共存，因为它们并不利用相同的资源；3.物种也许仅仅在种群爆发、资源短缺时才发生竞争。

捕食对形成群落结构的影响。捕食者有泛化种和特化种两种，对泛化种来说，捕食使种间竞争缓和，并促进多样性提高。但当取食强度过高时，物种数亦随之降低。

例如食性很广的野兔，随着兔食草压力的加强，草地上植物种数一开始有所增加。其原因是兔把竞争力强的物种个体吃掉，可以使竞争力弱的物种更好生存，所以多样性提高。但是，当食草压力过高，兔不得不食适口性低的植物，植物种数又随之降低。在潮间带滨螺捕

▲ 饥饿的狼群

食藻类的试验研究中出现了同样的结果。

对特化种来说，随被选食的物种是优势种还是劣势种而异。如果被选择的是优势种，则捕食能提高多样性，如果捕食者喜食的是竞争力弱的劣势种，多样性就会随着呈现下降型趋势。

干扰对群落结构的影响

干扰是自然界的普遍现象，是平静环境的中断，或正常过程的妨碍。干扰不同于灾难，不会产生巨大的破坏作用，但它经常会反复的出现，使物种没有充足的时间进化。近代多数生态学家认为干扰是一种有益的生态现象，它引起群落的非平衡特性，强调了干扰在群落结构形成和动态中的作用。

干扰经常会使群落产生缺口，这是生物界是非常普遍的现象。森林中的缺口可能由大风、雷电、砍伐、火烧等引起；草地群落的干扰包括放牧、动物挖掘、践踏等。干扰造成群落的缺口以后，有的在没有继续干扰的条件下会逐渐地恢复，但缺口也可能被周围群落的任何一个种侵入和占有，并发展为优势者，哪一种是优胜者完全取决于随机因素。例如珊瑚礁中鱼类特别丰富，礁中有许多小空隙，将食物资

▲珊瑚礁中的鱼群

源分隔开来，而许多种鱼食性是相同的。据观察，在原有领主死亡后空隙为哪种鱼占据完全是随机的。

但是，有些群落所形成的缺口，其物种更替是有规律性的。新打开的缺口常常被扩散能力强的一个或几个先锋种所入侵。

空间异质性

群落的环境不是均匀一致的，而是具有空间的异质性，例如小地形、土壤、水分等都不均匀。空间异质性的程度越高，意味着有更加多样的小生境、更多样的小气候条件，更多样的躲避天敌的隐蔽空间，所以能允许更多的物种共存。

植物群落研究中大量资料表明，在土壤和地形变化丰富的地方，群落会有更多的物种；而平坦、同质土壤的群落多样性低。Harman 研究了淡水系统软体动物种数与空间异质性的相关性，也得出栖息环境类型越多，淡水软体动物种数越多的正相关的结果。

通过研究鸟类多样性与植物物种多样性和取食多样性之间的关系，发现鸟类多样性与植物种数的相关性不如与取食多样性相关明显。所以对于鸟类生活来说，可以被鸟类捕食的植物种类越多，鸟类的多样性就越丰富。在草地和灌丛群落中，垂直结构不如森林群落明显，而水平结构，即镶嵌性和斑块性对捕食者影响更大，就可能起到决定性作用。

个性十足的 生物群落

岛屿效应

岛屿由于与大陆隔离，生物物种迁入和迁出的强度低于周围连续的大陆。许多研究证实，岛屿中的物种数目与岛屿的面积有密切关系。岛屿面积越大，岛屿上的物种数越多。

▲ 岛屿

开阔视野

平衡学说和非平衡学说

对于形成群落结构的一般理论，有两种对立的观点，即平衡学说和非平衡学说。

平衡学说认为共同生活在同一群落中的物种种群处于一种稳定状态。其中心思想是：1.共同生活的物种通过竞争、捕食和互利共生等种间相互作用而互相牵制；2.生物群落具有全局稳定性特点，种间相互作用导致群落的稳定特性，在稳定状态下群落的物种组成和各种群落数量都变化不大；3.群落实际上出现的变化是由于环境的变化，即所谓的干扰所造成的，并且干扰是逐渐消失的。因此，平衡学说把生物群落视为存在于不断变化着的生态环境中的稳定实体。

非平衡学说认为，构成群落的物种始终处于变化之中，群落不能达到平衡状态，自然界的群落不存在全局稳定性，有的只是群落的抵抗性（群落抵抗外界干扰的能力）和恢复性（群落在受干扰后恢复到原来状态的能力）。

比较平衡学说和非平衡学说，除对干扰的作用强调不同以外，一个基本的区别是：平衡学说的注意焦点是系统处于平衡点的性质，而对于时间和变异性注意不足；而非平衡学说注意的焦点是系统在平衡点周围的行为变化过程，特别强调时间和变异性。两个学说另一重要区别是把群落视为封闭系统还是开放系统。

11 生物群落的强大功能

遐思一刻

自古以来，植物一直在默默地改善和美化着人类的生活环境。在植物王国里约有 7 000 多种植物可供人类食用，有不少植物具有神奇的治病效果。民间草药约有 5 000 ～ 6 000 种，现代药物中有 40% 来自大自然。科学家还从美登木、红豆杉等植物中提取抗癌物质，其疗效十分明显。还有许多植物能

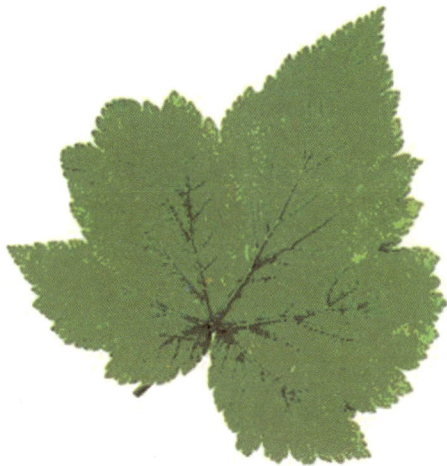

▲绿叶

個性十足的

生 物 群 落

分泌杀菌素，杀死周围的病菌，如桉树分泌的杀菌素，能杀死结核菌、肺炎病菌等。一棵松树一天一夜能分泌2千克杀菌素，可杀死白喉、痢疾等病菌。此外，绿色植物还能净化污水，能消除和减弱噪声，能耐旱固沙，能耐盐碱、耐涝，能吸收二氧化硫等空气中的污染物。

雨露滋润禾苗长，万物生存靠太阳。优美环境哪里来，植物绿叶立奇功。当然，植物只是生物群落中的一个重要组成部分，现在就让我们一起探索一下生物群落的强大功能吧！

学海漫步

群落强大的功能可以从生产力、有机物质的分解和养分循环三个方面来描述。

生产力

群落中的绿色植物通过光合作用把无机物转化为有机化合物，这是生物群落的最重要的功能。在光合作用过程中，一段时间内由植物生产的有机物质的总量叫总初级生产力，植物为了维持生存要进行呼吸作用，呼吸作用要消耗一部分光合作用生成的有机物质，剩余的部分才用于积累。一段时间内植物在呼吸之后余下的有机物质的数量，叫净初级生产力。例如在森林中，60%～75%的总生产量可能被植物呼吸掉，余下的25%～40%才是净生产量；而在水生群落中不到总生产量的一半可能被植物呼吸掉。净初级生产量随时间会逐渐积累，日益增多，到某一观测时间为止积累下来的数量就是植物生物量。生物量以克/平方米或千克/公顷表示。

群落的生产力，即单位时间内的生产量。对于陆地或水底群落，是计算单位面积内的生物量数量，而对于浮游和土壤群落则按单位容积确定。因而生物生产力是单位面积（或单位体积中）在单位时间内的生产量，经常以碳或干有机物质的含量表示。

消耗初级生产量的消费者也形成自己的生物量。它们在一段时间内的有机物质生产量叫次级生产量，即异养生物的生产量。消费者形成产量的速率叫次级生产力。

绿色植物的生物生产量，一部分以枯枝落叶的形式被分解者分解，一部分被风、水或其他形式带至群落之外，一部分沿食物链传递。余下的部分以有机物质的形式积累在群落中。

有机物质的分解

在许多群落中，动物从活植物组织得到的净初级生产量部分要比植物组织死亡之后被分解者细菌和真菌等利用的部分小得多。在森林中，动物食用的大约不到叶组织的 10%，不到活木质组织的 1%，大部分植物组织最终落到地面形成覆盖土壤表面的枯枝落叶层，被各

▲真菌

种各样的土壤生物所利用。这些土壤生物包括采食动植物遗骸的食腐者、分解有机质的细菌和真菌以及以这些生物为食的动物。虽然动物对枯枝落叶的分解起到了一定的作用，但细菌和真菌在把有机物质还原成无机产物方面起最主要的作用。

分解者的生物量与消费者的相比是很小的，与生产者的相比更小。然而，生物量微小的分解者的活动在群落功能中十分重要。群落中全部死亡生物的残体依赖分解者进行分解。如果没有分解者的分解活动，生物的死亡残体将不断地积累，像在酸沼中形成泥炭那样。不仅群落的生产力可能由于养分被闭锁在死组织中而受限制，而且整个群落也将不能存在。

物质循环

群落中生产者从土壤或水中吸收无机养分，如氮、磷、硫、钙、钾、镁以及其他元素，利用这些元素合成某些有机化合物，组成原生质和维持细胞的正常功能。消费者从植物或其他动物获取这些元素。分解者在分解动植物废弃物和遗骸时，养分又释放归还到环境中，再被植物吸收，这便是物质循环，或称生物地球化学

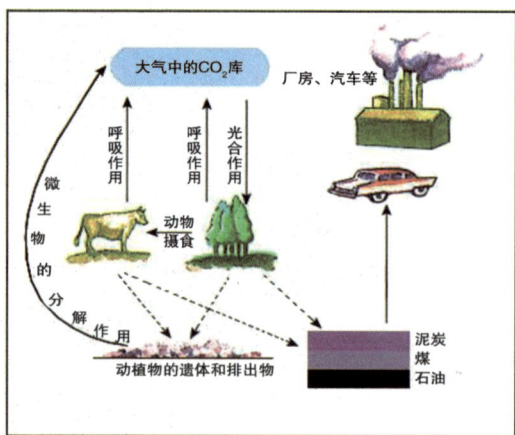

▲ 碳循环

循环。例如，在森林中，某种物质从土壤被吸收进入树根，通过树的输导组织向上运输到叶子，这时可能被吃叶子的昆虫所食入，然后又被吃昆虫的鸟所利用，直到鸟死亡后，被分解释放归还到土壤，再被植物根重新吸收。许多物质通过较短的途径从有机体回到土壤——随植物组织掉落到枯枝落叶层而被分解，或者在雨水淋洗下由植物表面落到土壤。

不同群落参加循环的物质量和循环的速度是不同的。在一部分群落中，某些元素的较大部分保持在植物组织中，只有较小部分在土壤和水中以游离态形式存在。例如溶于水中的磷酸盐数量与浮游生物细胞中的数量比较起来只是小部分。在热带雨林，大部分无机元素保持在植物组织中，被雨水淋洗到土壤的无机元素和枯枝落叶分解时释放出的无机元素，很快被重新吸收。但当一片森林被采伐或火烧后，通过雨水侵蚀和无机元素在土壤水中的向下移动，会造成无机元素的大量损失。在开阔大洋中随着浮游生物细胞和有机颗粒的下沉，无机元素也被携带到深处，因而在进行光合作用的光亮表层水中无机元素很少，所以生产力很低。

🔍 开阔视野

生物生产力不能与生物量混淆。例如，一年内单位面积上的浮游藻类合成的有机物质可能和高生产力的森林一样多，但因大部分被异养生物所

▲草原

消费，故前者的生物量只有后者的十万分之一。相同生产力下，草甸草原的生物量年增长量比针叶林的大得多。根据苏联的资料，在中等草甸草原植物生物量为每公顷23吨的情况下，它们的年增长量达到每公顷10吨，而在针叶林，在植物生物量为每公顷200吨的情况下，年增长量每公顷只有6吨。小型哺乳动物比大型哺乳动物有较大的生长和繁殖速度，在相等的生物量的情况下提供较高的生产量。

12 神秘的雨林群落

遐思一刻

热带雨林是一种茂盛的森林类型，地形复杂多样。从散布岩石小山的低地平原，到溪流纵横的高原峡谷，多样的地貌造就了形态万千的雨林景观。在森林中，静静的池水、奔腾的小溪、飞泻的瀑布到处都是；参天的大树、缠绕的藤萝、繁茂

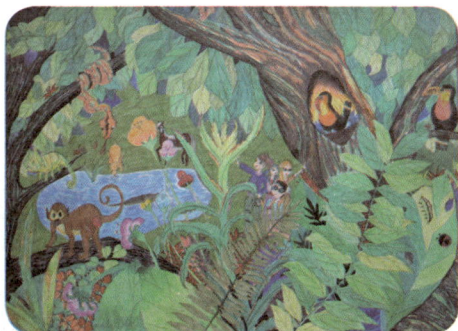

▲探寻热带雨林

的花草交织成一座座绿色迷宫。你仿佛来到一个神话世界，在这里抬头不见蓝天，低头满眼苔藓，密不透风的林中潮湿闷热，脚下到处湿滑。这里光线暗淡，虫蛇出没，人们在其间行走，不仅困难重重，而且也很危险。但是，这里却是生物的乐园，不论是动物还是植物，都是陆地上其他地方不可比拟的。

学海漫步

热带雨林分布在亚洲东南部、非洲中西部、澳大利亚东北部以及中美洲和南美洲的赤道附近。年降雨量约为 2 000 ～ 2 250 毫米；全年雨量分布均匀，全年温度和湿度都很高，年平均气温大约在 26℃。因此，热带雨林中的植物生长迅速，生物死后的分解速度也快，有机

质分解以后很快又被植物吸收和利用，以致热带雨林土壤中所能积累的腐殖质很少。

热带雨林中植物种类繁多，其中乔木具有多层结构，上层乔木高达30米，多为典型的热带常绿树和落叶阔叶树，树皮色浅，薄而光滑，树基常有板状根，老干上可长出花枝。木质大藤本和附生植物特别发达，叶面附生某些苔藓、地衣，林下有木本蕨类和大叶草本。

▲雨林乔木

雨林群落特点

热带雨林植物区系极其丰富，约有几千个树种，是地球上最丰富的生物基因库。热带雨林的垂直结构非常明显，在我国海南岛的一处热带雨林中，仅乔木便可分3层。乔木层下面还有灌木层和草本层，除此之外，在各个层次上还有很多附生植物和藤本植物，热带雨林中的大多数植物都是常绿的，生有巨大的、暗绿色的草质叶。树干挺直、高大而细长，但树干基部粗壮，多为板根，以支撑整个大树。

雨林植物

雨林中的树木多为双子叶植物，具有厚的革质叶和较浅的根系。

用以营养的根部通常只有几厘米深。雨林中的水分因植物的蒸腾作用大量蒸发。热带雨林中土壤和岩石的风化作用强烈，其风化壳可达100米。这类土壤虽富含铝、铁的氧化物、氢氧化物，还有高岭石，但其他一些矿物质却因淋溶和侵蚀作用而流失。另外，在高温高湿条件下，有机物分解很快，能迅速被树根和真菌所吸收。所以，雨林里的土壤其实并不肥沃。

雨林中的次冠层植物由小乔木、藤本植物和附生植物如兰科、凤梨科及蕨类植物组成，部分植物为附生，缠绕依附在树干上，这些植物仅以树木作为支撑物。雨林地表面被树枝和落叶所覆盖。雨林内的地面并不是完全不可通行，多数地面除了薄薄的腐殖土层和落叶外多是裸露的。

雨林中，木质藤本植物随处可见，有的粗达20~30厘米，长可达300米，沿着树干、枝丫，从一棵树爬到另外一棵树，从树下爬到树顶，又从树顶倒挂下来，交错缠绕，好像一道道稠密的网。附生植物如藻类、苔藓、地衣、蕨类以及兰科植物，附着在乔木、灌木或藤本植物的树干和枝丫上，就像披上一厚厚的绿衣，有的还开着各种艳丽的花朵，有的甚至附生在叶片上，形成"树上生树""叶

▲附生植物

上长草"的奇妙景色。

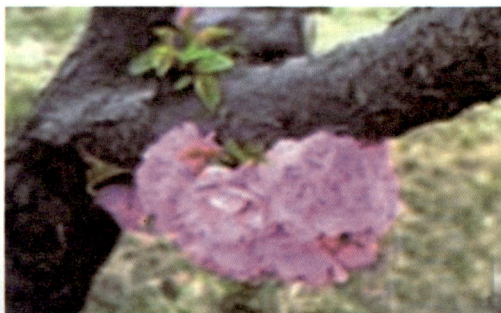

▲ 老茎生花

　　有些种类的树干基部常会长出多姿多态的板状根，从树干的基部2~3米处伸出，呈放射状向下扩展。有些则生长着许多发达的气根，这些气根从树干上悬垂下来，扎进土中后，还继续增粗，形成了许许多多"树干"，大有一木成林的气势，非常壮观。有些种类的树如波罗蜜、可可等，在老树树干或根颈处也能开花结果，成为热带雨林中特有的"老茎生花"景观。

雨林动物

　　雨林中的动物极为繁多，但主要以小型、树栖动物为主，没有大型食草动物和大型食肉动物，灵长类动物最为丰富，鸟类也很多且羽色鲜艳。另一特点就是种类多而单种个体较少，尤其是雨林中的昆虫，种类丰富多彩，找到100种昆虫比找到同种昆虫100只容易得多。已知地球上最大的昆虫——蜚蠊，最重的昆虫——犀角和最长的昆虫——竹节虫都产于热带雨林。科学家们相信，至今有很多雨林昆虫

▲ 雨林动物

未被我们认知。大象、河马等大型动物一般仅活动于雨林边缘或稍开阔的河谷地区。

在世界同类型地区中，亚马孙平原的热带常绿雨林不仅面积最广，而且发育也最为充分和典型。南美的热带常绿雨林一般也称为希列亚群落，其植物种类成分极其丰富，而且相互杂生，很少形成纯林，其中1/3种是南美特有种。它们生长连续无间，植物终年葱绿繁茂。乔木、灌木以及草本、藤本、附生植物组成多层次的郁闭丛林。一般有4至5层，多者可达11至12层，树冠呈锯齿状，参差不齐。许多乔木为争取日照，力图往上生长，树干很少分枝，有的可高达80~100米。

开阔视野

热带雨林蕴育着丰富的生物资源，但世界上的热带雨林却遭到了前所未有的破坏。热带地区高温多雨，有机物质分解快，物质循环强烈，植被一旦被破坏后，极易引起水土流失，导致环境退化。因此，保护热带雨林是当前全世界最为关心的问题。

热带雨林中生物资源极为丰富，如三叶橡胶是世界上最重要的橡胶植物，可可、金鸡纳等是非常珍贵的经济植物，还有众多物种的经济价值有待开发。雨林开垦后可种植巴西橡胶、油棕、咖啡、剑麻等

▲美丽的雨林鸟类

热带作物。但应注意的是，在高温多雨条件下，有机物质分解快，物质循环强烈，这样，一旦植被破坏后，很容易引起水土流失，导致环境退化，而且在短时间内不易恢复。因此热带雨林的保护是当前全世界关心的重大问题，它对全球的生态效应都有重大影响，例如对大气中氧气浓度平衡的维持具有重大意义。

中国热带雨林位于热带边缘，受热带季风气候限制，仅在局部湿润环境（如沟谷、山地）有小片分布，并呈现出季节性特征。优势种类以具有龙脑香科的种类为标志，并由桑科、大戟科、桃金娘科、梧桐科及棕榈科等的种类组成。

热带雨林是全球最大的生物基因库，也是碳素生物循环转化和储存的巨大活动库。它的盛衰消长不仅是地表自然环境变迁的反映，而且直接影响全球环境、特别是人类生存条件。雨林的保护已成为当前最紧迫的生态问题之一。

13 奇异繁杂的热带季雨林

我们或许还惊异于热带雨林中"树上生树""叶上长草""老茎生花"等奇妙景观，但若是森林并非扎根于土壤而是着生于石灰岩的石缝中，形成一种森林中有"石林"的独特景象。你能想象得到这

▲石林

种神奇的景象吗？其实在奇异繁杂的热带季雨林中，类似的景象屡见不鲜，那就让我们先睹为快吧！

学海漫步

热带季雨林

热带季雨林，是有明显季节性干湿的热带森林，也称季风林或雨绿林，由较耐旱的热带常绿和落叶阔叶树种组成。它们不仅能出现在真正的季风地

▲热带季雨林

区，而且也能出现在位于赤道气候带边缘的地区，在这些地区，它们像在非洲和中美洲那样成为雨林和热带草原之间的过渡带。与热带雨林相比，其树高较低，植物种类较少，结构比较简单，优势种较明显，板状根和老茎生花现象不普遍，层间藤本、附生、寄生植物也较少。

一、特征

热带季雨林中的植物群落特征：

1. 旱季乔木树种部分或全部落叶，季相变化明显。

2. 种类组成、结构、高度等均不及雨林发达。

3. 板状根、茎花现象、木质大藤、附生植物等均不及雨林发达。

▲热带季雨林常见的动物

由于热带季雨林群落类型一方面与常绿雨林相毗邻，另一方面又与稀树草原相接壤，因此其动物区系，具有明显的过渡区或群落交错区的特征。常见的动物有独角犀、亚洲虎、野猪、印度野牛、原鸡、叶猴、罗猴、懒熊等。

热带季雨林的植物种类繁多，在雨季，季雨林看上去有些像雨林，但却没有雨林繁茂，而且植物也少得多。大多数树木有明显的落叶习性，在干季时落叶，这时草本植物也要枯萎。附生植物和藤本植物比雨林少得多。地被层由木本灌丛组成，在森林的边缘由粗质禾草组成。

二、结构

热带季雨林林冠高度在20～25米，一般分两层，上层稀疏或郁闭，树干分枝低，皮较粗厚，部分或全部为落叶树种；下层多为常绿树种，林冠连续。林冠季相变化明显，落叶期在东南亚出现于干热夏季，在中国出现于冬季。林下灌木草本很少，多为乔木的幼树，禾本科草类多出现在稀疏林冠下。层间藤本植物较热带雨林少，附生植物稀少，板状根和老茎生花现象很少出现，有些种类的树干具刺。

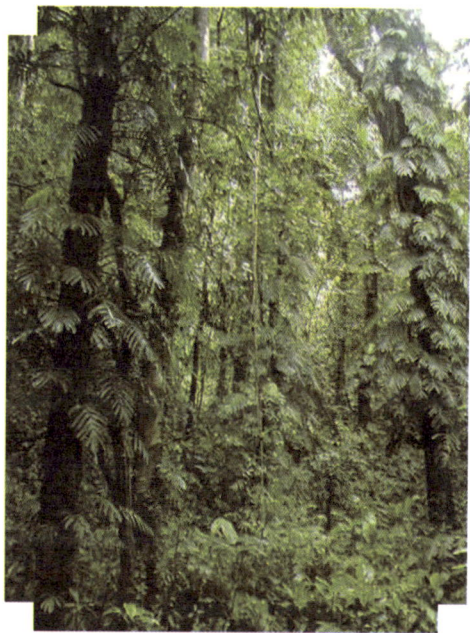

▲热带季雨林植物

三、类型

在水热条件比较好的地方，热带季雨林中只有最高大的第一层乔木有部分落叶的现象，整个森林的外貌是终年常绿的，这种热带季雨林被称作半常绿季雨林。半常绿季雨林中木质藤本、附生植物、老茎生花和板状根等各种现象都比较明显，仅次于热带雨林。

外观变化更典型的是落叶季雨林，其高大的第一层乔木大都有较

长的落叶期，使森林的外貌有明显的季节变化。落叶季雨林下层的乔木则随气候条件的不同而又有很大的差别，最干旱地区的落叶季雨林下层的乔木也是落叶的类型，森林的层次也非常简单，一到旱季，森林枯黄而光秃，阳光可照射到地面，地面上生长的不是热带雨林中的耐阴植物而是的灌木和禾草，森林中可能出现少量藤本植物，附生植物和老茎生花等现象很少出现。另一些落叶季雨林下层的乔木有不少常绿的成分，形成密闭的林冠，木质藤本比较多，板状根有所发育，附生植物多为草本的类型，热带雨林中典型的附生植物类型在季雨林中则很难见到。

在东南亚等地的石灰岩地区，还发育着一种特殊的石灰山季雨林。森林并非扎根于土壤而是着生于石灰岩的石缝中，形成森林中有"石林"的独特景象。石灰山季雨林树木比较高大，有发达的板状根，上层大树几乎全是落叶树，下层的乔木常由常绿树组成，森林中藤本植物比较发达，附生植物则有多有少。

中国的热带季雨林的植物多属于番荔枝科、使君子科、梧桐科、木棉科、大戟科、豆科、桑科、无患子科和山榄科等。群落有较明显的优势种或共优势种，水热条件好的地方常绿树种较多。

四、演替

落叶季雨林被毁，再经垦殖撂荒、放牧火烧，常退化为稀树草原。停止干扰后，树木增多，形成疏林；随着原有森林树种侵入而缓慢地向落叶季雨林演进。半落叶季雨林受破坏后较易恢复。先由先锋树种形成单层次生林，逐渐为耐荫性树种所更替，最后发展为与原

▲ 恢复最终的树木

热带旱生林

在热带的某些地方，特别是在巴西的东北部（在那里，热带旱生林被称为卡汀珈群落）、墨西哥南部、委内瑞拉，东非高原、德干高原南部和缅甸中部，出现一种能经受长期干旱的热带疏林。它们差不多可以归入热带灌丛和半荒漠类型，但树木生长得相当连续，可称为"热带落叶旱生疏林"，它们代表旱季明显但时间不长的季雨林和旱季为主地区的灌丛之间的过渡带，它们形成茂密而难以穿越的大片带刺丛林，偶尔出现金合欢和大戟一类较高的乔木，它们在长达 7 个月的时间里看上去是一片浅灰色、死气沉沉、无叶、纷乱的植物，仙人掌、带刺藤本植物和耐旱的常绿灌木相混合在一起。所有的植物都通过储水或是减少蒸腾的办法来抵抗干旱。

在短暂集中的降雨出现时，植物的生命活动突然旺盛起来，土灰色的景观变成嫩绿色，许多树开出色彩鲜艳的花朵，草本植物和鳞茎植物也开起花来。当持续 4 个月左右的降雨期结束时，植物便迅速地恢复到休眠状态。

在热带旱生林中小而多刺的乔木或灌木植物在群落中占优势。典型的植物有瓶子树、猴面包树、金合欢、大戟科和仙人掌科的一些肉质植物。大多数植物在旱季无叶，而在雨季十分繁茂。

14 生机勃勃的非洲草原

? 掷思一刻

▲ 非洲草原

在热带雨林带的南北两侧是草原，一年分为两季：湿季和干季。湿季时，炎热多雨，树木繁茂，长着较高的草。干季时，大部分树木都要落叶，草也干枯，动物要向有水草的地方迁移。主要动物有长颈鹿、斑马、羚羊等植食动物和狮子、鬣狗等肉食动物。在这种独特的环境中繁衍生息着多种多样的珍禽异兽，构成了一个生机勃勃的生物王国。

学海漫步

非洲热带草原是世界上面积最大、发育最好、特征最典型的热带草原，非洲热带草原的植物具有旱生特征。草原上大部分是禾本科类，草高一般在1~3米，大都叶狭而立，以减少水分蒸发。草原上稀疏地点缀着独株或缓生的乔木，叶小而硬，有的小叶能运动，排列成最避光的位置，树皮很厚，有的树干粗大，可贮存大量水分以保证在旱季能进行生命活动。如伞状的金合欢树和巨大的波巴布树等。每当干季来临时万物

▲ 草原上的动物

凋零，整个草原一片枯黄。生活在这里的动物，由于缺水少食，或向水草丰茂的草原迁徒，或钻入地下蛰眠，整个草原死一般寂静。雨季来临时，草木丛绿，万象更新，一派生机勃勃的景象。为了适应那里干湿季交替、稀树草原的生态景观，动物养成了许多有趣的行为习性。

穴居

热带草原开阔广袤，地势平坦，缺少动物藏身躲敌的天然屏障，因此穴居就成为一些中小型动物重要的求生手段。中小动物，特别是那些弱小动物，如土豚、疣猪、跳兔以及所有啮齿类，既无凶猛的御敌本领，又少善奔疾走的逃跑能力，几乎都穴居于地下，洞穴成为它们生儿育女、保护幼仔、贮存食物、逃避敌害、躲避高温的理想场所。长期的挖掘活动，使它们练就了一身非凡的掘地本领，还形成了适合地下生活的身体形态：弯曲而锐利的爪子，发达的胸肌，合并的腕骨，短短的唇鼻间距，大大的门齿。

异彩纷呈的 陆地生物群落

▲ 奔驰中的猎豹

快跑

大型动物对于广阔草原景观的适应则表现出迅速的奔跑能力。这里几乎聚集了地球上所有跑得最快的动物。例如羚羊，全速奔跑时速高达80千米/小时，斑马时速40千米/小时，长颈鹿40～50千米/小时；黑斑羚一跃可高达3米，远达9米。食肉动物在长期的追捕过程中，也练就了快跑能力。例如，非洲狮能以32千米/小时的速度奔跑，猎豹时速超过110千米/小时，其加速能力更为惊人，从起跑至加速72千米/小时，只用2秒时间。长期的奔跑，使这些动物形态结构发生很多适应性变化：羚羊、斑马、长颈鹿、鸵鸟四肢增长，步幅加大；而猎豹则有一条柔软而富弹性的脊椎。

集群

集群生活是热带草原动物在长期生存竞争中逐渐形成的。群居有利于共同对敌、防御敌害、增进繁衍、保护幼崽，是弱小动物和大型食草动物抵抗凶猛肉食动物的有利武器。

一般来说，每一种群都是一个有组织的集体，通常由几个强者担任首领，负责全群安全，指挥全群行动。例如，狒狒、羚羊、斑马等都是集体生活，即使草原巨兽大象、长颈鹿、河马、犀牛、野牛等也

▲集群生活

喜群居，经常几十、甚至上百头生活在一起，共同觅食、嬉戏、对敌。非洲草原上还可经常见到不同种群组成的混合种群。例如，斑马、羚羊、长颈鹿甚至还有鸵鸟群聚一起，共同生活、和平共处、集体防御。长颈鹿吃高树嫩叶，斑马、羚羊吃小灌木和野草，长颈鹿高头大眼，是天生的瞭望塔，善于侦察发现敌情；鸵鸟的机警和惊叫，则是天生的报警信号。

　　热带草原高草繁生，大树稀疏，因而动物中地栖者占绝对优势，如前面提到的大象、河马、犀牛、羚羊、斑马等。树栖动物很少，就连本该树栖生活的少数几种动物也放弃了树上生活。例如：鸵鸟，翅膀严重退化，已离不开地面；再如狒狒，身形娇小却四肢粗壮，适于地面奔走，时速超过32千米/小时，喜欢群集于树木稀少的石山上，晨昏活动频繁，采食野果、昆

▲大象

虫、爬虫、鸟卵，有时盗食谷、瓜果等。

巨兽

非洲热带草原，面积辽阔，哺育了大量食草动物，这些动物的极大繁盛又为食肉动物提供了丰富的食物。因此，这里巨兽种多量大，主要有象、长颈鹿、河马、犀牛、狮等。

大象是非洲热带草原，也是陆地上最大的动物。象鼻粗壮发达，能连根拔起6~9米高的大树，又变伸自如，可以拾起地上细小的物体；象腿如柱，能把狮豹踏死；象牙是其门齿，质地细致，经济价值很高，为了保护大象，国际上已严禁象牙交易。

▲长颈鹿

长颈鹿是陆地上最高的动物。仅颈即长达2米，也使其成为兽类世界里血压最高的动物，收缩压高达350mmHg，否则因脑与心脏相距3米会得不到血液供给。由于在进入大脑之前颈动脉已分成大量细小血管，血流缓慢入脑，故其低头喝水时亦不会因为这么高的血压而发生脑溢血。

河马是陆地上体态最臃肿的动物。身体滚圆，头嘴庞大，终日生活在水草丰美的河湖沼泽之中，夜间上岸休息。

犀牛脾气很坏。模样似牛，但两角一前一后长于头顶，眼小视力差。

皮肤多褶，褶内肉嫩多血管，常滋生大量寄生虫，痛痒难忍，故常到泥塘打滚涂泥，还经常因此而大发雷霆，凶狂异常。

🔍 **开阔视野**

非洲热带草原上的大型动物

最大最凶的食肉者——非洲狮

非洲狮喜欢在开阔的原野上生活，它捕食的方式与热带森林的食肉动物不同，不是伏击而是追击，因而它具有快速奔跑的能力。雄狮头和颈上有鬃，仪态雄伟，吼声震人心魄；雌性较小无鬃、犬齿5～6厘米，上下交错、形似剪刀，一口可咬断角马咽喉，一掌可劈断斑马颈椎，舌上生有利刺，只要一舔猎物就会鲜血淋淋，草原上动物不论大小都惧怕它，故有"百兽之王"的称号。

▲百兽之王——非洲狮

其实它并非最强者，它往往敌不过大象和犀牛，也不敢与野牛正面对阵。

非洲特产——斑马

非洲斑马大小如同家马，常结成几十头甚至上百头飞奔在水草丰茂的草原上，个个长着一身漂亮的黑白相间的斑纹，远远看去，好像所有斑马长得都一样，但你仔细看，却没有一对斑纹完全相同，它们黑白分明的斑纹，起着隐蔽的作用。一旦有敌情，它便以每小时 40 千米的速度，快速逃离现场。由于它的肉可食，皮革结实而美观，可制造多种用具，使它成为人类捕猎的对象。某些地区人们驯养斑马来代替家马，它们既不受萃萃蝇的危害，也比家马雄壮有力、奔跑迅速。

非洲热带草原特色动物——羚羊

非洲热带草原上，众多的食草动物中以羚羊种类最多，有 40 多种，数百万头，是地球上羚羊最多的地方，其中大羚羊、牛羚、大犄角羚、黑羚羊和长颈羚羊等最为著名。大羚羊体重 600～900 千克，角长一米，是羚羊中最大的一种。牛羚是一种体形甚怪、状似公牛的羚羊，因颈上有鬃，尾长多毛似马，故又称角马，游牧在长有短草的大平原上，一群可达上千头，迁移时组成更大的群，是东非和南非特有的动物。大弯角羚体大似马，角长 1.8 米，弯曲呈螺旋形，被公认为最美的羚羊角，是非洲珍奇动物之一。黑羚羊生活在平坦的草原或灌木丛中，跑时抬头翘尾，索马里语称为翘尾羚羊。东非还有一种珍贵的长颈羚，常用后腿站立，用前脚蹬往树干吃树叶，由于颈长，跑时常要低头，以免被天敌发现。

15 生趣盎然的温带草原

暇思一刻

很多人都知道品质优良的澳毛。澳毛产自澳大利亚的美利努绵羊，

▲ "骑在羊背上的国家"

它们饲养在澳大利亚辽阔的草地上。在澳大利亚国土四周沿海地区，特别是东南部及北部的某些地区，自然植被多茂盛的草原，由于降雨量较高，人工草地较多，饲养着大量的绵羊。因此，澳大利亚又被誉为"骑在羊背上的国家"。

学海漫步

▲ 温带草原

温带草原是一种由多年生丛生禾本科旱生植物为主所组成，植物群落连绵成片。水分的不足使乔木难以生长。杂类草虽然也有出现，但一般处于次要地位。禾本科草类根系扎得较深，并成丛分布形成连续而稠密的草地。典型草原的禾本科草类具有旱生的结构特点：叶片狭窄，有绒毛卷叶，甚至具有蜡质层等。在温带大陆性气候下发育的，以多年生低温旱生丛生禾草植物占优势的草本植物群落为温带草原。植被以禾本科、豆科、莎草科植物占优势，菊科、藜科和其他杂类草也占有重要的地位。在禾本科植物中，以丛生禾草针茅属最为典型。该属不同的种类在不同的草原中起着重要作用。小半灌木中主要有蒿

异彩纷呈的
陆地生物群落

▲豆科植物

状亚菊、驴驴蒿、女蒿等。草原植物普遍具有旱生结构，如叶面积缩小，叶片内卷或气孔下陷以减少水分蒸腾，机械组织和保护组织发达，地下部分发达，根系发达以便吸收地下水分和抵御强风。季相明显，春末夏初一片葱绿，秋初枯黄。温带草原在世界上分布面积较广。

温带草原缺乏天然隐蔽条件，动物主要有啮齿类、有蹄类。有蹄类，如亚洲的黄羊、北美的叉角羚羊等都具有迅速奔跑能力和敏锐的听力、视力。啮齿类在此尤为繁盛，专营洞穴生活。它们适量的发展可以促进草原植物生长，如大量繁殖会严重破坏草原，反过来又造成种群大批死亡和外移。草原食肉动物除狼外，鼬类最为广泛，它们以啮齿类和野兔为食，可以控制它们的数量。温带草原代表动物有高鼻羚羊、野驴、骆驼以及小型的黄鼠、跳鼠、仓鼠等，北美草原上有草原犬鼠、长耳兔、草原松鸡等。

草原是发展畜牧业的基地。由于温带草原的土壤肥力好，地形平坦易开垦，所以这里农业利用土地较早，随之便产生了一系列的问题（放牧缺乏科学管理，毒草害草增加、植株变矮、盖度减少），因长期发展畜牧业及农业，土壤养分流失，造成严重的环境问题。而随人类的迁徙活动，一些杂草入侵，改变原有的植物结构。另外因气候变迁而加速沙漠化的扩张，草原生态环境遭到了破坏，这给草原植被带来了很大的影响。

▲黄羊

中国的草原

中国的草原以温带草原为主，地势坦荡辽阔，这里由于农业开垦的历史悠久，草原的自然面貌已被农业景观替代。中国的草原有以下一些特点。

植物物种多样性

植物物种的总丰富度高，据不完全统计，中国草原区共有种子植物 3 600 余种，特别是建群种针茅丰富多样，针茅属植物广泛分布于世界各大草原区，常作为建群种出现，全世界共约 300 种，中国有 27 种，其中 16 种为草原群落的建群种。草原灌木锦鸡儿种类繁多，豆科锦鸡儿属植物是亚洲中部草原最富典型性的一类夏绿灌木。全世界有锦鸡儿属植物 80 余种，中国境内分布 56 种。

异彩纷呈的
陆地生物群落

▲内蒙古草原

动物物种多样性

内蒙古草原是中国温带草原的主体。活跃于内蒙古草原的脊椎动物约 400 多种，其中哺乳动物 65 种，鸟类 295 种，爬行类 21 种，两栖类 8 种，鱼类 82 种。

在辽阔坦荡的草原环境中发育了独特的动物区系，这里代表性的动物是善于奔跑、具反刍能力的有蹄类。善于掘洞、进行地下生活的啮齿类。它们当中的许多物种有高密度集群迁徙生活的习性，哺乳类中的一些物种还有冬眠和贮存食物过冬的习惯。

有蹄类：黄羊是草原生态系统中的优势类群，也是最具代表性的种类。它体型轻捷，极善于奔跑，每年春季在产仔前和冬初交配前集大群生活，并随气候季节变化进行长距离迁移。

▲狼

啮齿类：内蒙古草原上啮齿类有近 50 种，旱獭是草原上体型最大的啮齿动物。此外有达乌尔黄鼠、布氏田鼠、长爪沙鼠、草原鼢鼠以及五趾跳鼠等，它们都是草原上常见的种类。

食肉类：有狼、红狐、沙狐、鼬。

鸟类：草原上特有鸟类很少。主要栖居于内蒙古草原的有蒙古百灵和毛腿沙鸡。此外广泛分布的还有云雀，角百灵等。但草原上猛禽相对丰富，常见的有鸢、草原雕、金雕、雀鹰、苍鹰等。大型猛禽秃鹫对清除草原上的动物尸体起着重要作用。

▲ 翱翔于天际的苍鹰

昆虫：草原上的昆虫不仅种类丰富，而且生物量很大，蝶、蛾类是草原昆虫的主要类群。植食性昆虫以蝗虫为主，约有100种，如多种雏蝗、痂蝗等。鞘翅目的金龟类甲虫被称为"草原清道夫"。

🔍 开阔视野

中国草场面积辽阔，虽然有些地段尚利用不足，但总体来看，目前超载放牧，草场退化的情况已带有普遍性。连年强度割草，使其自然生产力下降，物种的饱和度降低，同时使优良豆科牧草减少，劣质菊科、藜科杂类草增多。而滥挖、滥采药材，已使中国草原中广泛分布的野生中药材，如麻黄、甘草、黄芪、防风、柴胡、远志、苁蓉和锁阳等数量日趋减少，有些濒于灭绝。有些地方不恰当地开垦一些陡坡地、沙质地甚至固定沙地，破坏了草场，引起耕地沙化，使生物多样性及其价值大大降低。

由于乱捕滥杀，本世纪60年代还成群分布在内蒙古草原的黄羊，现已所剩无几了。据新近资料，自80年代以来，仅内蒙古地区每年猎杀的黄羊，就多达7万～8万只，致使黄羊种群数量急剧减少，种群密度大大下降，由常见变为偶见。在草原上常见的一些猛禽，如雀鹰等，也由于乱捕滥杀而成为稀有或偶见的鸟类了。相反，由于生物群落中天敌数量的减少，一些草食性鼠类，如布氏田鼠等的种群数量则有扩大的趋势，在繁殖高峰期，往往造成严重的危害。

在以上人类活动的影响下，中国温带草原在急剧退化。生物多样性丧失情况由于尚没有进行深入研究和监测，不能作具体分析，但确有许多物种数量不断减少以致可以列入珍稀或濒危。对于那些特有的种类，尤其应引起我们的关注。

16 永不凋谢的常绿阔叶林

遐思一刻

常绿阔叶林在日本称照叶树林，欧美称月桂树林，中国称常绿栎类林或常绿樟栲林。这类森林的建群树种都具樟科月桂树叶片的特征，常绿、革质、稍坚硬，叶表面光泽无毛，叶片排列方向与太阳光线垂直。

常绿阔叶林树木都是常绿双子叶植物的阔叶树种，而以壳斗科、樟科、山茶科和木兰科中的常绿乔木为典型代表，种类丰富，常有着明显的建群种或共建种。

非洲的常绿阔叶林以加那利群岛的月桂树林较为典型，组成以樟科树种占优势，如加那利月桂树、阿坡隆樟、臭木樟等，林下的硬叶常绿灌木、蕨类及苔藓植物极为繁盛。

北美的常绿阔叶林以佛罗里达半

▲ 常绿阔叶林

岛较为典型，优势树种有弗吉尼亚栎、黑栎、樟等，在低地有荷花玉兰、鳄梨、北美枫香、美洲水青冈等，越往南则常绿阔叶林树种类越丰富，多达75％，棕榈科、凤梨科以及附生的兰科植物、蕨类植物也随之增多。南美洲以智利的瓦尔迪维亚以南（约南纬40°）的暖温带常绿雨林为典型，其繁茂程度几乎与热带雨林相似，由常绿的南水青冈所组成，并有大量的针叶树混生，如扁柏、罗汉松和南洋杉等属树木。

大洋洲东南岸的亚热带常绿阔叶林，从昆士兰经南新威尔士、维多尼亚至塔斯马尼亚，已越过南纬40°，均以桉树为主，并有榕树、樟、石栗、假水青冈、金合欢、柑橘、蚌壳蕨等组成。藤本植物有省藤、铁线莲和素馨等为代表。新西兰处于南纬40°附近，从北岛到南岛，常绿阔叶林除有6种水青冈之外，并有木犀科、樟科、山龙眼科，以及桉树、金合欢、罗汉松、陆均松、贝壳杉、红豆杉等；林下有棕榈、黑桫椤等；藤本植物也较多。

异彩纷呈的 陆 地 生 物 群 落

在亚洲，日本西南部（九州、四国等）的亚热带常绿阔叶林，当地称为暖温带常绿阔叶林，典型的森林是以栎属和栲属等常绿阔叶树所组成的群落。中国中亚热带典型常绿阔叶林主要由壳斗科的常绿树种、樟科、山茶科、木兰科、五味子科、八角科、金缕梅科、番荔枝科、蔷薇科、杜英科、蝶形花科、灰木科、安息香科、冬青科、茜草科、卫矛科、桑科、藤黄科、五加科、山龙眼科、杜鹃花科以及枫香属和红苞木属等所组成。

▲ 杜鹃花

常绿阔叶林群落外貌终年常绿，一般呈暗绿色而略反光，林相整齐，由于树冠浑圆，林冠呈微波状起伏。整个群落全年均为营养生长，夏季更为旺盛。内部结构复杂，仅次于热带雨林。可分为乔木层、灌木层和草本层；发育良好的乔木层可分二至三亚层，第1亚层高度16~20米，很少超过25米。乔木层多数为壳斗科的常绿树种，直径常在20~45厘米之间。灌木层可分为二至三亚层，除上层乔木的幼树之外，发育良好的灌木层种类有时也伸入乔木的第三亚层；常见的为山茶科、杜鹃花科、紫金牛科和茜草科灌木。

草本层较为简单，除有灌木的更新幼苗之外，以常绿草本为主，常见有蕨类及莎草科、禾本科的草本植物；在亚洲的常绿阔叶林中蕨类植物较为丰富。藤本植物以常绿的木质中、小型藤本为主，粗大和扁茎的藤本则较少见。附生植物以地衣和苔藓为主，其次为有花植物和蕨类。常绿阔叶林的乔木一般不具板状根、茎花、滴水叶尖及叶附生等典型的雨林植被现象。只在中亚热带南部和南亚热带的常绿阔叶林中，有少数乔木具有板状根、叶附生苔藓，以及树蕨出现。常伴生具有扁平叶型或扁平枝叶的裸子植物，其生态特性与常绿阔叶树极为相似，如红豆杉属、杉木属、榧树属、三尖杉属铁杉属等。

典型的常绿阔叶林中的树木通常具有樟科植物的特征，叶片革质全缘、表面光亮，叶面常迎向阳光照射的方向，因此，常绿阔叶林又有照叶林之称。绿阔叶林花期多集中在春末夏初，结果多在秋季。

常绿阔叶林的林冠高大、层次复杂，为野生动物提供了良好的隐蔽、栖憩、繁殖环境。所以动物种类也很丰富，其中植食动

▲爬行动物

物如昆虫、鸟类、啮齿类以及偶蹄类动物的数量更多。常绿阔叶林中的有些动物有冬眠的现象，特别是两栖类和爬行类等变温动物。常绿阔叶林中除腐生的原生动物及微生物外，真菌已知有200多种。它们的存在，有利于残落物的腐化分解和物质循环与能量流动的正常运转，使常绿阔叶林成为湿润亚热带最稳定的森林生态系统。

异彩纷呈的

陆地生物群落

🔍 开阔视野

▲ 金丝猴

常绿阔叶林区的生物资源极为丰富，许多树种具有很高经济价值。在建筑、枕木、家具、造纸、雕刻细木工等方面广泛利用，马尾松、油茶、油桐、乌桕、山苍子等可用来生产油脂，漆树可生产生漆，柑橘、枇杷、荔枝、龙眼、猕猴桃等为重要水果，山核桃、香榧、板栗等是重要干果。厚朴、樟树、杜仲、喜树、五味子、栀子树等可用作药材，有些竹笋特别是毛竹的冬笋是中国常绿阔叶林区的特产，列为上等蔬菜，可鲜食或制成各种笋干。真菌资源更是丰富，可供食用的达30多种以上，如银耳、木耳、紫红菇等。伞菌科是野生真菌中营养价值很高的食用菌，味极鲜美。药用真菌有30多种，除银耳、

▲ 华南虎

80

香菇、木耳、紫芝、灵芝等大量栽培外，其余都属野生，按季节采集，鲜食或制成干品。林中野生动物资源有熊猫、金丝猴、猕猴、短尾猴、黑叶猴、毛冠鹿、梅花鹿、云豹、华南虎、金猫等珍稀动物。鸟类中的白鹇、黄腹角雉等都列为国家重点保护动物。还有各种爬行动物包括眼镜蛇、眼镜王蛇、蕲蛇以及蟒蛇和大壁虎等，可作药用或制取皮革。

▲ 黄腹角雉

17 四季分明的落叶林

遐思一刻

夏绿阔叶林可以说是人们最熟悉的生物群落，因为夏绿阔叶林的分布区往往是人口密集的文明中心，是最适宜人类居住的地方。同时，夏绿阔叶林也是受人类活动影响最大的生物群落，在很多地区已经被城市和农田所取代。几百万年以前，这类森林几乎扩展到整个北半球温带。更新世的冰川和干旱把它们分割成现在三个主要分布区：西欧、东亚和北美。在中国主要分布于华北地区。由于严酷的冰川作用，西欧落叶阔叶林的种类组成比较贫乏。南半球没有天然的夏绿阔叶林分布，与北半球夏绿阔叶林相应的地区生长的是常绿阔叶林。

陆 地 生 物 群 落

学海漫步

落叶阔叶林是温带气候条件下生长的群落，亦称为夏绿木本群落。主要分布在北纬30°~50°的温带地区，以落叶乔木为主。该区气候四季分明，夏季炎热多雨，冬季寒冷干燥。由于冬季落叶，夏季绿叶，所以又称"夏绿林"。

构成温带落叶阔叶林的主要树种是栎、山毛榉、槭、桦、椴、桦等。它们具有比较宽薄的叶片，叶子上通常无或少茸毛，厚薄适中。芽有包的很紧的鳞片，树干和枝丫也有很厚的树皮，这些都是适应冬季寒冷环境的结构。林中植物冬枯夏荣，季相变化十分鲜明。

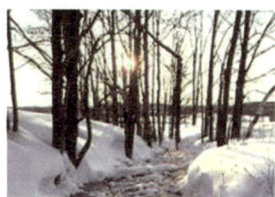

▲ 落叶阔叶林的四季变化

一、群落结构

落叶阔叶林的结构简单，群落的垂直结构一般具有四个非常清楚的层次：乔木层、灌木层、草本层和苔藓地衣层。乔木层主要由栎属、水青冈属、桦木属、鹅耳枥属、椴木属、杨属等种类组成。每年春季，乔木树种都在树叶未展开前争相开花，它们多为风媒花。林下草本层多数为多年生的短命植物，借春天林内较强的光照，也争先吐蕊，构成了一个绚丽的大花园，这是落叶阔叶林的一种典型季相。它们在这个时期营养物质迅速地累积，发育迅速。到了夏天，乔木长满了叶子，林冠郁闭，林内光照减弱，于是那些草本植物便结束了自己一年一度的生活周期，而另一类耐阴性的草本植物便相继出现，与乔木一道进入秋季，随着乔木落叶，草本植物也逐渐干枯。林中的藤本植物和附生植物都不发达，只在个别情况下才出现附生的有花植物。但藓类、地衣、藻类的附生种类很多。

夏绿林中的动物种类较为丰富，哺乳动物如马鹿、棕熊、貂、鼠和大多数鸟类等。夏季本带有丰富而多样的食物以及良好的掩

松鼠　　　　　　　鹿

▲林中动物

蔽环境，为来自南方的旅鸟和夏候鸟提供了有利条件。到冬季，这些条件都变得十分恶劣，一些动物进行蛰伏和冬眠，如两栖类、爬行类和哺乳类的棕熊、獾、刺猬、蝙蝠等。由于林中落叶在地面形成深层腐殖质，蚯蚓、螨类、弹尾类等土壤动物种类和数量十分丰富。

落叶林代表性动物有：哺乳类，欧亚大陆有狍、野猪、獾、鼬、狐、姬鼠等，亚洲东部有麝、梅花鹿和黑熊，北美有浣熊和臭鼬。鸟类，欧亚大陆广布有杜鹃、黑枕绿啄木鸟、斑啄木鸟、灰喜鹊、大山雀等，亚洲东部有鸳鸯和丹顶鹤，北美有吐绶鸡。动物群受人类活动影响极

大，大型有蹄类和食肉类急剧减少。例如在欧洲，欧洲野牛、河狸、猞猁、野猫、狼、熊等已完全或濒临绝灭。中国的梅花鹿、鸳鸯、丹顶鹤等数量已经很少，现列为国家重点保护动物。

二、建群树种

水青冈林和栎林是落叶阔叶林中最主要的类型，分布于整个北半球的温带和暖温带森林区域。但不同地区有不同的建群种。在欧洲，水青冈林的主要建群种是欧洲水青冈和塔乌里水青冈等。栎林的主要

▲ 浣熊

建群树种是无梗栎和柔毛栎，每一个种都可以组成纯林。但现在有些栎林已被山毛榉林所代替。在北美洲，美国东部和加拿大东部的主要建群种是美洲水青冈和糖槭。林内阳光较充足，可见到许多草本植物和少数藤本植物。在大陆性气候影响较大的地区主要是栎林，从大西洋沿岸到内地各州都有分布。其组成除栎树属

▲ 槭树

树种外，还有大量其他阔叶树种，如槭树属、核桃属、山核桃属、悬铃木属、朴树属、铁木属等，藤本植物也有出现。

三、类型

我国的落叶阔叶林类型很多，根据优势种的生活习性和所要求的生境条件的特点，可分成3大类型：典型落叶阔叶林、山地杨桦林和河岸落叶阔叶林。

典型落叶阔叶林

典型的落叶阔叶林中，栎林是暖温带落叶阔叶区域地带性植被的主要类型，这类森林主要有辽东栎林、蒙古栎林、槲栎林、槲树林、麻栎林和栓皮栎林等。辽东栎林是暖温带落叶阔叶林区北部分布较广的

▲辽东栎林

森林群落。林内植物种类比较丰富。乔木层郁闭度大，以辽东栎为主，伴生树种因地而异。灌木层的植物种类也较丰富，主要有胡枝子、三裂绣线菊、土庄绣线菊、大花溲疏、连翘、照山白、虎榛子、胡颓子等。林下草本以羊胡子草为主，其他有地榆、兔儿伞、早熟禾、苍术、华北风毛菊、艾蒿等。栓皮栎林是暖温带落叶阔叶林区域南部的主要森林类型之一。它对生境条件要求不严，多为纯林，乔木层除栓皮栎外，伴生种主要有槲栎、麻栎、锐齿槲栎和油松等。灌木主要有胡枝子、榛、黄栌、连翘、孩儿拳头、六道木等。草本植物主要有野古草、长芒草、

黄背草、白羊草、苔草、桔梗、苍术、北柴胡、萎陵菜等。

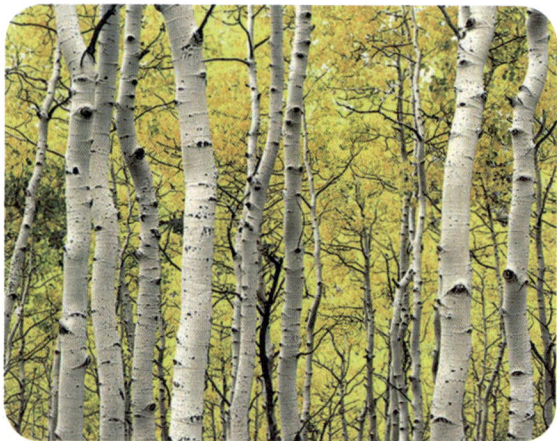
▲ 白桦林

山地杨桦林

山地杨桦林中最主要的是山杨林和桦木林。山杨林分布很广，它是针叶林或落叶阔叶林破坏后出现的次生植被，群落外貌整齐，树干挺直，林下灌木及草本较丰富。

桦木林中分布最广的是白桦林。白桦是喜光的阳性树种，也是针叶林或落叶阔叶林破坏后出现的次生类型。群落外貌整齐，树干挺直，树皮白色，形成特有的景观。林下灌木及草本种类较多。

河岸落叶阔叶林

河岸落叶阔叶林蕴藏着丰富的植物资源，它在水土保持上也有重要的意义。栎林中的栎树是良好的用材树种，其叶子是山区饲养柞蚕的饲料。杂木林中的黄蘗、水曲柳和核桃楸是珍贵的用材树种。山杨、白桦是速生

▲ 椴树

用材树种，其树干挺直，木材产量大，为很好的民用材和坑道材，它们生长迅速，往往成片萌生，有很大的水土保持及改良土壤的效应，也是造纸的好原料。椴树可供建筑、家具及薪炭用，树皮是良好的纤维原料，椴树还是著名的蜜源植物。落叶阔叶林下的药用植物较多，如连翘、黄精、黄芩、桔梗、柴胡、苍术、地榆、知母等，而且出产多种果品，如栗、胡桃、桃、梨、杏、枣、桑葚、石榴、柿、葡萄等。

🔍 开阔视野

目前，该类森林已残留无几，大部分地区为农业生态系统所代替。以产冬小麦、玉米、高粱、马铃薯、花生、棉以及苹果、桃、杏、梨、李、枣、柿、核桃等为主。温带落叶阔叶林地区也有针叶林分布，在我国多为油松林和侧柏林。

18 高大挺拔的针叶林

❓ 遐思一刻

针叶林的外貌往往是单一树种构成纯林，群落结构简单，层次分明。主要由云杉属、冷杉属、落叶松属和松属的种类所组成，这些植物大多是针状叶，以适应生长季短和低

▲ 针叶林

异彩纷呈的 陆地生物群落

温环境。其中云杉和冷杉为耐荫树种,组成的群落较郁闭,林内较阴暗,常称为"阴暗针叶林";而松树和落叶松为喜阳树种,组成的针叶林较稀疏,林内较明亮,则称为"明亮针叶林"。由于各针叶林分布区受海洋性气候和大陆性气候的影响不同,乔木的种类成分也有差别。

学海漫步

寒温带针叶林

▲北方针叶林

寒温带针叶林是由耐寒的针叶乔木为建群种所组成的森林植被类型,又称北方针叶林或泰加林。寒温带针叶林是寒温带典型的水平地带性植被类型,分布在欧亚大陆和北美洲的北部,构成一条非常明显的针叶林带,其北部界线就是地球森林带的北界。在中、低纬度海拔较高山地上,也有寒温性针叶林,构成山地垂直带的森林植被。寒温带针叶林分布地区大陆性气候特点很强,一般说来,夏季温湿,冬季十分寒冷而漫长,一年中月平均温度超过10℃以上的只有1~4个月,年降水量300~600毫米,大多在夏季降雨,在积雪不多的地方常有厚冻土层。

寒温带针叶林群落结构比较简单，组成种类也较单纯。欧洲北部及西西伯利亚地区以常绿针叶林为主，其中具有典型西伯利亚树种，并具沼泽化现象的针叶林，是严格定义的泰加林。欧亚大陆东部则以兴安落叶松占绝对优势，构成广阔的明亮针叶林区，间有少量云杉、冷杉和欧洲赤松林等。欧亚大陆针叶林的北端主要是云杉和落叶松构成的稀疏针叶林。中国的寒温带针叶林与欧亚大陆北部的针叶林有密切联系，有些建群种甚至相同；但仅分布在大兴安岭北部的针叶林属于地带性植被，为东西伯利亚明亮针叶林向南延伸的部分。在其他中、低纬度山地的一定海拔高度上也分布有构成垂直带的山地寒湿性针叶林，因生境条件变异很大，组成树种不同，树种丰富但多特有种。如华北落叶松、四川红杉、黄果冷杉、雪岭云杉、青杆、樟子松、祁连山圆柏等。北美洲的寒温带针叶林主要分布于阿拉斯加和拉布拉多半岛的大部分地区，以及联结这两个半岛的广阔地带，其群落结构较复杂，组成种类亦较丰富。

针叶林带冬季悠长寒冷，夏季短促潮湿，针叶林树种组成单调，地面覆盖很厚的苔藓地衣，灌木和草本植物稀少，冬季积雪很深，动物生存条件不如其他森林带。针叶林动物种类较单纯，主要由耐寒性和广适应性种类组成，包括大部分苔原带动物，如驯鹿、旅鼠、雪兔、北极狐、雷鸟等。其生命活动的季相变化显著，有些动物冬季进入冬眠，如棕熊；或贮备食物过冬，如松鼠；许多鸟类和一些哺乳类则具有季节性迁移。动物种群数量变化受天气条件和食物丰歉的影响，极不稳定，有周期性变化。针叶树籽歉收时会引起一些动物的大批迁移。

寒温带针叶林代表性动物有：哺乳类有驼鹿、马鹿、狼獾、貂、猞猁、松鼠、花鼠。鸟类有松鸡、榛鸡、三趾啄木鸟、交嘴雀、松鸦等。两

▲ 驼鹿

栖类仅有北美的雨蛙，数量较多。爬行类十分贫乏，只有欧亚大陆的极北蝰和胎生蜥蜴为典型代表。针叶林下，地面发育的腐殖质层中包含有螨、弹尾虫、线虫和大量昆虫幼虫等土壤动物。针叶林是世界上最大的生物群落，在西伯利亚和加拿大一些地区受人类干扰不大。但伐木和对毛皮兽的狩猎，对动物群落已造成一定危害。

亚热带针叶林群落

林下的组成植物较简单，优势种较明显，但不同地区各有差异。建群种中以马尾松、杉木、柳杉为亚热带暖性树种，黄山松、南方铁杉则为亚热带温性树种。在自然状态下，马尾松常与壳斗科、山茶科的一些树种混生，分布上限在

▲ 马尾松

1 000 米左右。杉木则多是人工次生林，分布上限低于 1 400 米。黄山松是华东植物区系代表，分布于 1 100 米以上。建群种南方铁杉分布于海拔 1 500 米以上，由于海拔高、山地陡峭、受人为影响较轻，尚有完整林存在，也是现存自然群落中保存最好的类型，蓄积量达 5 万立方米。柳杉林则在黄岗山西北部海拔 800 米以上，关坪、七里、坳头一带海拔 1 000 米的沟谷地段有零星分布。在针叶林自然分布的相互连接处，有同时出现两种针叶树的群落，也偶有 3 种针叶树混生在一起的群落，而显示其过渡性。区内针叶林分为马尾松林、杉木林、柳杉林、南方铁杉林、黄山松林 5 个群系。

🔍 开阔视野

西藏地区暗针叶林群落的数量较多，其中常见的有云杉属的 2 个种 4 个变种，冷杉属 8 种 3 变种；铁杉属 1 种。这些树种因其生态学和系统发生历史的差异，而各有其水平和垂直分布区。冷杉属在西藏分布最广的树种为急尖长苞冷杉，其次是西藏冷杉。

暗针叶林的群落结构是植物学界十分关注的一个问题。早在 20 世纪 50 年代以前就有不少学者为此进行了一系列的工作，并深入地探讨过这方面的问题。然而总的来说，大部分工作都是致力于对泰加林地带暗针叶林群落结构的研究，而对山地暗针叶林，特别是亚高山暗针叶林结构的特点总结的不够。20 世纪 60 年代中国科学工作者对川滇林区暗针叶林的研究，大大丰富了对山地暗针叶林群落结构的了解。西藏的暗针叶林是欧亚大陆暗针叶林最西南的一部分，也是暗针叶林垂直分布最高的地区。对西藏暗针叶林群落结构的研究，并与其他地区进行对比，对于全面了解暗针叶林的植物与植物间以及植物与环境间的相互关系，具有极为重要的作用。

19 恶劣环境里的强者

遐思一刻

▲荒漠

荒漠地区气候干燥、降水极少、蒸发强烈、植被缺乏、物理风化强烈、风力作用强劲、其蒸发量超过降水量数倍乃至数十倍。这些地区主要分布在南北纬15°~50° 之间的地带。其中，15°~35° 之间为副热带，是由高气压带引起的干旱荒漠带；北纬35°~50° 之间为温带、暖温带，是大陆内部的干旱荒漠区。

在如此恶劣的条件，还会有生物生存吗？荒漠生物群落又会是什么样子呢？

学海漫步

荒漠是地球上最干旱的地区，它是由超旱生的灌木、半灌木或半乔木占优势的地上不郁闭的一类生物群落构成的，主要分布于亚热带

92

干旱区，往北可延伸到温带干旱区。这里生态条件极为严酷，年降水量少于 200 毫米，有些地区年降雨量还不到 50 毫米，甚至终年无雨。由于雨量少，易溶性盐类很少淋溶，土壤表层有石膏的累积。地表细土被风吹走，剩下粗砾及石块，形成戈壁；而在风积区则形成大面积沙漠。

荒漠植被极度稀疏，有的地段大面积裸露。主要有 3 种生活型植物适应荒漠区生长：

▲梭梭

荒漠灌木及半灌木

具发达的根系和小而厚的叶子，茎杆多呈灰白色以反射强烈的阳光，如坝王、梭梭、白刺、红沙等属的一些种。

▲白刺

肉质植物

为景天酸代谢型，夜间气孔开放，吸收大量二氧化碳，以苹果酸的形式贮存在植物体内。白天，气孔关闭以适应干燥空气，体内苹果酸放出二氧化碳，供植物的光合作用，即将夜

间固定二氧化碳与白天二氧化碳的进一步代谢在时间上分隔开来。这样，使肉质植物获得二氧化碳供应的同时，维持了植物的水分平衡。肉质植物主要分布在南美及非洲的荒漠中，如仙人掌科、大戟科与百合科的一些种。

短命植物与类短命植物

短命植物为一年生，类短命植物系多年生，它们利用较湿润的季节迅速完成其生活周期，以种子或营养器官度过不利生长时期，如旱雀麦、鳞茎早熟禾等。植被每年的产量极低，每平方米90克，它对荒漠动物群有重要作用。

荒漠生物群落的消费者主要是爬行类、啮齿类、鸟类以及蝗虫等。它们同植物一样，也是以各种不同的方法适应水分的缺乏。大部分哺乳动物由于排尿损失大量水分而不能适应荒漠缺水的生态条件，但个别种类却具非凡的适应能力。许多欧亚大陆的沙土鼠的啮齿类动物，能以

▲ 沙土鼠

干种子为生而不需要饮水，也不需用水调节体温，白天在洞穴内排出很浓的尿以形成一个局部具有较大湿度的小环境，据研究，洞穴内的相对湿度为30%～50%，而夜间荒漠地面上的相对湿度为0～15%。这些动物夜间从洞穴里爬出来活动，白天则在洞穴内度过。因此这些啮齿动物对荒漠的适应既是行为上的，也是生理上的。

荒漠生物群落的初级生产力低下，能量流动受到限制并且系统结构简单。通常荒漠动物不是特化的哺食者，因为它们不能单依靠一种类型的食物，必须寻觅可能利用的各种能量来源。

荒漠生物群落中营养物质缺乏，因此物质循环的规模小。即使在最肥沃的地方，可利用的营养物质也只限于土壤表面10厘米。由于许多植物生长缓慢，动物的新陈代谢也很缓慢，所以物质循环的速率很低。

🔍 开阔视野

沙漠发育在热带北部到温带大陆腹地干燥地区，年降雨量非常少，多的地方也不超过200毫米。具体分布于亚洲大陆的东部、中部和阿拉伯半岛、非洲、澳大利亚的部分地区以及南美和北美的西部、南部等地。约占地球全部陆地面积的25％。气温的日较差、年较差一般都非常大，加之水分缺乏，以致形成了不利于一般植物生长的严酷条件。由于植物稀疏和土壤过程很弱，风沙移动频繁发生，更助长了荒漠的形成。植物的种类有地域差异，但均是耐干性强的种类；其中

▲沙漠植物

▲沙漠植物

也有形态奇特著名的种类。戈壁沙漠的转蓬（主要是沙漠草），撒哈拉沙漠的耶里哥蔷薇、菊科的齿子草属、矮生齿子草和卡拉哈里沙漠的千岁兰属，亚利桑那（雨量稍多的半荒漠）的仙人掌等沙漠植物都很有名。

20 不屈不挠的冻原生物

遐思一刻

"冻原"一词出自萨米语，意思是"无树的平原"。在自然地理学上指的是由于气温低、生长季节短，而无法长出树木的环境；在地质学上是指零摄氏度以下，并含有冰的各种岩石和土壤。根据植物化石资料，北半球高纬度地区，在第三纪以前仍

▲冻原生物

然属于喜暖性森林，只是在第三纪末由于气候变冷和变干，这种森林渐渐被亚寒带针叶林所替代。第四纪初气候进一步变冷，才为冻原形成创造了条件。

冻原最先出现在东西伯利亚北部，因为在冰期，欧洲大陆、西西伯利亚和北美大部分地区为冰川所覆盖，只有东西伯利亚北部，冰川影响较小，乃存在古老的冻原植物（即托尔马乔夫所谓的"原始北极植被"），它们从山区逐渐向平原扩散。动物学家库兹涅佐夫根据动物群的特征，也认为东西伯利亚是北极动物群的发源地。

在第四纪初，古老的冻原分成东西二支，环绕北极伸展，形成带状分布，

▲ 冻原群落

随着冰期与间冰期的交替，北极大陆冰盖周期性地向南扩张和收缩。与此同时，冻原生物也不断向南迁移，在这过程中，有的种类大批死亡直到消失；有的种类幸存下来，并与从高山迁移下来的种类相会合。当冰川退却时，这些种类中的一部分北移；一部分退缩到山上，在那里保存下来，成为山地冻原组成部分，如动物中的黑缘豆粉蝶、雪兔和雷鸟等；植物中的矮桦、多瓣木、珠牙蓼、肾叶山蓼等。

冻原是北方针叶林（泰加林）带以北的一个自然植被带。主要分为三类：北极冻原、南极冻原和高山冻原。无论哪一类冻原，占优势的植物都是草、苔藓和地衣。在森林和冻原之间的过渡地带称为树木线。

一般冻原分布地区冬季漫长而严寒，夏季温凉短暂，最暖月平均气温不超过14℃。年降水少（200~300毫米），风力强劲，土壤下常

有永冻层，有的厚达1米，这种冷湿的环境常造成植物的生理性干旱。夏季表层解融，地面排水不良而处于饱和状态。只能生长苔藓、地衣、耐寒灌木和多年生草本植物，称冻原植被。植物矮小，多呈垫状，群落结构简单。植物的抗旱耐寒能力极强，有的甚至可在雪下生长开花。

一、植被

植被的种类组成很简单，总共只有约100~200种植物。主要是苔藓、地衣和莎草科、禾本科、毛茛科、十字花科的多年生草本植物，以及杨柳科、石楠科与桦木科的矮小灌木。它们多数紧贴地面生长，避免风寒。严寒和生长期较长的日照，使这里的植物多为常绿的多年生植物，并常具有大型和鲜艳的花朵，所以冻原的外貌不像荒漠那样单调和缺乏生气。冻原群落结构简单，通常仅一至二层，最多三层。即小灌木和矮灌木层、草本层、藓类和地衣层。苔藓地衣层特别繁茂，许多灌木、草本植物的根、根茎和更新芽隐藏其中受到保护。

冻原中植物多具有下列特点：垫状或匍匐伏地型、营养繁殖、生长缓慢、地下部分生物量超过地上部分。冻原有灌木冻原、

▲ 冻原植被

藓类地衣冻原和北极冻原之分。

二、动物

由于植物种类少，生态环境又十分严酷，冻原动物种类也很贫乏，比较典型的种类主要有驯鹿、麝牛、北极狐、北极熊、狼和旅鼠等。几乎没有爬行纲和两栖纲，昆虫种类也很少，但在夏季，蚊、蝇比较多，

▲驯鹿

也有候鸟迁来繁息。中国没有位于广大平坦地区的平地冻原，仅于长白山和阿尔泰山顶部有面积很小的山地冻原分布。

🔍**开阔视野**

在南极，目前已经辨认出来的地衣大约只有 400 种左右，苔藓有 75 种，仅有 4 种开花植物，还都是生活在南极圈以外的南极半岛上。也就是说，在南极圈以内是看不到任何鲜花的，而在北极，地衣有 3 000 多种，苔藓有 500 多种，各种各样的开花植物则多达 900 种。在阿拉斯加北坡及加拿大的诸岛屿上，生长着 53 个有花植物科的 450 种开花植物。而在格陵兰岛北部地区，仍然可以看到 90 多种各种各样的开花植物，他们无疑是地球上纬度最高的开花植物了。

21 漆黑深海里的多彩生活

▲海底生物

很多人可能会认为，在俄罗斯西北海岸结冰的海洋深处，没有什么绚丽的生物，但有位摄影师却在结冰的海洋深处发现了很多自由游弋的五彩斑斓的海洋生物，并用摄像机记录了它们的"曼妙身姿"。过去，由于技术限制，我们在深海世界没有发现太多的生物体，深海就像辽阔荒凉的大平原，不适合生物的生存，但后来探测结果发现：令人吃惊的多种多样的生物生活在深海世界，它们为了生存不得不适应具有挑战性的复杂深海世界。在深海地区的一些地方，大量含有沼气和矿物质的海水从海底渗出，喂养着管虫、蛤蜊及其他食菌类动物。海水深处的海底隐蔽处和海底山脉的裂痕跟珊瑚礁有很大的类似之处，成为了海底生物的寄居之处。

因为深海无光，所以不存在光合营养的植物。深海生物按其生活方式可分为浮游、游泳和底栖3大类。

浮游生物

浮游生物由细菌、原生动物、腔肠动物、甲壳动物、毛颚动物等的种类组成，种类和生物数量均较少。同一种浮游动物，个体小时多生活在浅处，个体较大时生活在深处。如桡足类的海羽水蚤属和光水蚤属的一些种类，生活在2 000米水深处个体最大可达17毫米，而随着水深变浅，个体大小也随之变小。深海浮游动物多为杂食或肉食性。

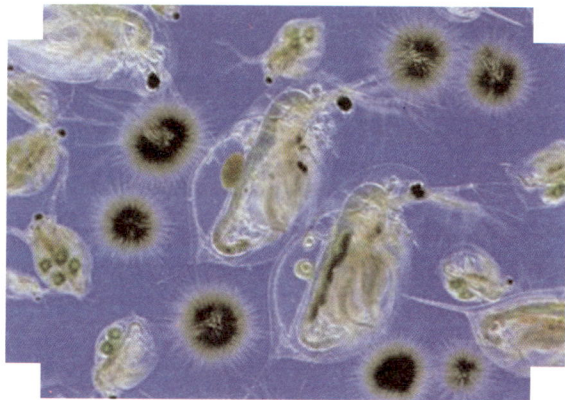

▲浮游生物

浮游动物主要有甲壳动物，腔肠动物和橄榄绿细胞。其中，最主要的甲壳动物是桡足纲如哲水蚤、真哲水蚤、海羽水蚤、光水蚤等属的一些种类，他们的最大个体可达17毫米。腔肠动物，有钵水母和管水母等，个体一般较大，直径可达25厘米，大多呈栗色和紫色，且能发光。橄榄绿细胞则比较微小，长度为10~15微米。在3 000~4 000米水深处，此类细胞的密度仍可达25 000 ～ 50 000个／升。

游泳生物

游泳生物主要是鱼类，其次为乌贼、章鱼和虾等。在1 000多种

变幻莫测的
水生群落

▲章鱼

大洋鱼类中，生活在深水的约有150种。深海安康鱼头的背侧有一柄状的突起，顶部可发光，作诱饵和照明用。雌鱼体重可达6~8千克，雄鱼仅重几克。雄鱼头部钻入雌鱼的表皮吸取营养，并形成一个小裂隙，雌鱼产卵期，雄鱼产精子于袋中，以备授精。安康鱼不成群，个体之间大约保持30米的距离。在深海也有不少鳗鱼，如哈氏囊咽鱼和宽咽鱼等，鱼体细长，嘴特别大。有些鳗鱼幼体上游到较浅的水层，成体时才回到深水。

在深海鱼类中，个体数量最多的是圆罩鱼属，他们的个体很小，长仅5~6厘米。在深海近底层鱼的种数比较多，个体也较大，如睡鲨体长可达7米，以掠食为生。有些深海鱼常能吞食比自身大的食物。有的章鱼适应于深海生活，没有眼睛。

▲底栖生物

底栖生物

深海底栖生物的生物量随水深而降低。通常200米、3 000米和6 000米处是转

102

▲ 海葵

折点。在万米以上的深渊，仍有底栖生物，已发现的种类有：有孔虫、海葵、多毛类、等足类、端足类、瓣鳃类和海参类等。

在海底沉积物的表层生活着一些微型底栖生物，个体大小在2~40微米之间。包括真菌、易变菌、类酵母细胞、肉足纲、吸管纲、纤毛虫纲、有孔虫等。另外还有大小在42~1 000微米之间的小型底栖生物，数量比微型底栖生物少很多，种类有海螨、涡虫纲、

线虫动物门、腹毛动物门、动吻动物门、缓步动物门、寡毛纲、原环虫、海螨、介形类和猛水蚤目的一些种类。其中，线虫是主要的种类，约占动物总数的一半。个体大小在1 000微米以上的就算是大型底栖生物了，包括无脊椎动物的大多数门类，如海绵、腔肠动物、星虫、曳鳃虫、肠鳃动物、螠虫、环节动物、软体动物、节肢动物、棘皮动物和须腕动物，以及少量

▲ 海鞘

脊索动物（如海鞘）和底栖鱼类。海葵能生活在水深达万米的深渊，在中太平洋西部深海发现有吻沙蚕、海蛹等动物。

在有机物较丰富的地方，棘皮动物门中的海参往往是优势种，且个体也大，有的可达 0.5 米。

深海的海鞘有很长的柄，滤食，不形成群体。有的底栖鱼，腹鳍和尾鳍长成棒状，能在软泥上支撑着身体或缓慢地移动，如深海狗母鱼。

🔍 **开阔视野**

深海绿洲

1977 年，美国伍兹霍尔海洋生物学实验室的"阿尔文"潜水球在太平洋加拉帕戈斯群岛东北 300 千米水深 2 550 米处的断裂带发现了深海热泉生物群落。这一带海底水温约 20℃。生物很繁盛，有环节、甲壳、软体、须腕动物和鱼类等。其中大型的管栖蠕虫状须腕动物，管长可达 5 米，直径 4 厘米，常成簇，密度可达每平方米 15 千克；大的蛤贝壳长达 25 厘米；还有腔肠动物、甲壳动物和鱼类。1984 年又在大西洋 3 200 米的海底发现了类似的生物群落。这些群落的生物生长快。例如，蛤类的代谢速度比一般深海的蛤约快 500 倍，生长为成体所需的时间要快几十倍。它们构成了特殊的生态系统，被称为"深海绿洲"。

22 热带海洋的绿洲——珊瑚礁生物群落

🔍 遐思一刻

▲大堡礁

世界上最大的珊瑚礁系——大堡礁位于澳大利亚东北部，距岸最近处只有 16 千米，超过 1.1 万种海洋生物在这里繁衍生息，是保存最完好的海洋公园。前往大堡礁海域潜水是不少人的梦想之旅：在这里划船、游泳，进行日光浴和沙浴。坐在装有玻璃船底的游览艇里，饱览奇妙的海底世界。千姿百态的鱼虾，色彩各异的海贝，令你大饱眼福。身披红绿彩带的鹦鹉鱼在吞咬珊瑚；水晶般透明的喇叭鱼在水面忽东忽西；轻盈细小的雀鳃鱼竟敢对准你的手咬；神色傲慢的大海龟在陌生人面前也毫不恐慌；水下的珊瑚世界，在阳光照射下，红、黄、蓝各色绚丽多彩；或树枝状，或人脑形，或如柳条，或如花朵，千姿百态，令人神往。

📢 学海漫步

珊瑚礁生物群落是由造礁珊瑚和造礁藻类形成的珊瑚礁以及丰富多样的礁栖动物和植物共同组成的集合体，是热带浅海特有的生物群落。

水生群落

珊瑚礁的主体是由珊瑚虫组成的。珊瑚虫不是单细胞动物，它们长得像小圆筒，上面还长着8枚或多枚触手，另外也拥有口、腔肠、体壁等器官。仔细看，它的触手中央就是珊瑚的口，口与内腔中的管状食道相接，并通过这些管道吃东西、呼吸和排泄废物。真是"麻雀虽小，五脏俱全"。珊瑚虫是海洋中的一种腔肠动物，在生长过程中能吸收海水中的钙和二氧化碳，然后分泌出石灰石，变为自己生存的外壳。每一个单体的珊瑚虫只有米粒那样大小，它们一群一群地聚居在一起，一代代地新陈代谢，生长繁衍，同时不断

▲ 珊瑚礁

分泌出石灰石，并黏合在一起。这些石灰石经过不断地压实、石化，形成岛屿和礁石，也就是所谓的珊瑚礁。珊瑚礁为许多动植物提供了生活环境，其中包括蠕虫、软体动物、海绵、棘皮动物和甲壳动物。此外珊瑚礁还是大洋带鱼类的幼鱼生长地。

美丽的珊瑚礁是自然界最令人赞叹的景观之一，无数的礁岩生物生活在由珊瑚炫目的色彩及复杂的结构所铺设而成的环境中。珊瑚礁的生物多样性是令人吃惊的，其生物多样性丰富的程度只有热带雨林可以与之比拟。全世界的海洋生物中有1/4生活在珊瑚礁。所以又称珊瑚礁为海洋的热带雨林或热带海洋的绿洲。

▲ 海洋的热带雨林

从分类上来看，珊瑚可以分为两大类：一是有藻类共生的造礁珊瑚，生活在阳光充足的较浅区域；另外一类则是无藻类共生的非造礁珊瑚。生活在较深的海底。珊瑚虫常与某些藻类共同生活在一起，珊瑚虫提供藻类着床空间，藻类则进行光合作用，并将光合作用所产生的养分与珊瑚虫分享。这些藻类为了进行光合作用，只能生活在阳光充足的浅海地区，而珊瑚虫为了求得一个稳定的栖所，也只得选择较不容易随波逐流的岩质地形，作为安身立命的家，所以岩质地形的浅海水域，正好就成了珊瑚虫和藻类赖以生存的特定空间。再者，珊瑚礁提供了大大小小的各种空穴与缝隙，很适合各种生物的栖息，所以珊瑚礁区的生物种类相当的多。此外珊瑚虫对地球上大气中的碳循环也扮演重要的角色，它们将二氧化碳转变为碳酸钙骨骼，有助于降低地球大气中的二氧化碳含量，从而减轻温室效应、降低大气温度。如虫黄藻与造礁珊瑚共生，它吸收造礁珊瑚排出的二氧化碳，为珊瑚虫提供钙质，形成骨骼中有机成分。红藻中的珊瑚藻是完全钙化藻，可形成层状骨架，参与造礁。藻类还可粘结礁骨架和生物屑，并有富镁作用，形成高镁方解石。但钻孔藻在珊瑚礁中起破坏作用。

珊瑚礁生态系统是以珊瑚礁为依托的生态系统。造礁珊瑚以其形状复杂的骨骼形成多样的生活场所，成为其他生物生活的基础和依存

物，由于珊瑚礁环境水体稳定、光照充足，所以形成了与周围海洋环境不同的特殊的生态系统。其中有许多种类的底栖生物等，种类丰富，具生物多样性；与周围外洋相比，这里有更为旺盛的初级生产力。

▲珊瑚礁群落

珊瑚礁生态系统经历了漫长的演化历史，经过反复淘汰和适应，各门类众多的生物基本上能相互制约、协调，达到近乎和平共处于一个有限的空间，形成自然的生态平衡状态。在珊瑚礁生态系里，珊瑚礁具有适宜各门类生物生长的极好自然条件。最重要的是海水清洁，温度适宜。有丰富的浮游植物、浮游动物及藻类和海草等，为珊瑚、海葵、草食性动物、底栖生物、鱼类及其他掠食者提供充足的饵料。这些饵料和珊瑚组织内的共生虫黄藻，都是很有效的初级生产者，在珊瑚礁生物的食物链中起重要作用。这种饵料生物的增多，也为其他动物提供有利条件，使之生物资源更为丰富。不同形态的造礁珊瑚分泌的钙质骨骼，创造了多层次的空间，为各种喜礁生物提供作为栖息、附着或庇护的场所。底栖生物中，有的穴居礁中，有的固着在礁的表面不动，或缓缓移动于礁表面；一些鱼类有的与珊瑚、海葵或海绵共生，有的则穿梭于珊瑚

▲ 珊瑚礁与鱼类

枝杈之间，有的则在礁的上层水域；还有更微小生物共生于珊瑚虫体的活组织之中。总之，众多的生物汇集在珊瑚礁里，充分利用珊瑚礁的各个层次的空间，使珊瑚礁成为热带海洋生物的大都会。珊瑚礁里的生物极其复杂、丰富，构成一个多样性极高的顶极生物群落。

🔍 开阔视野

珊瑚是一种经济价值和生态价值都很高的海洋腔肠类动物。有些珊瑚早已被用作药材。礁区具有丰富的渔业、水产资源。不少礁区已开辟为旅游场所。我国海南

▲ 珊瑚

岛三亚附近海域，生长着大片美丽的珊瑚礁。为了保护这里珍贵的珊瑚礁资源，经国务院批准，这里被定为国家级珊瑚礁海洋自然保护区。三亚珊瑚礁自然保护区地处热带北部，海陆总面积为 85 平方千米。

水下分布有80多种造礁珊瑚。珊瑚礁生物群落中珍稀生物很多，是保护海洋生物多样性的重要海区。

23 海藻森林

遐思一刻

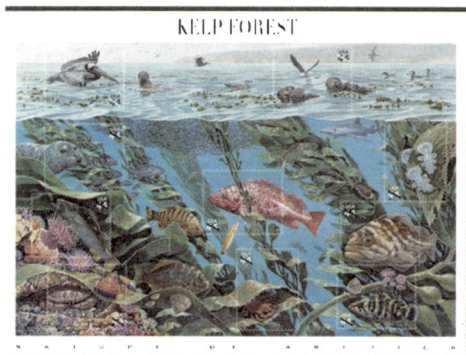

▲太平洋海藻林邮票

2009年10月1日，美国邮政机构发行一套10枚的《美国大自然》系列邮票，美国大自然系列之一就是太平洋海藻林，该邮票图案包括动植物：鹈鹕、斑海豹、黄尾石鱼、石蟹、海狮、巨藻、海鸥、海獭、蓝鲨及鱼虫等。

学海漫步

海藻林

海藻林是由海藻所构成的海底森林，主要分布于温带到两极地区的沿岸海域。

海藻林主要由海带目的大型褐藻所构成。巨大海藻森林分布于北美太平洋沿岸海域，在涌升流丰富营养盐的滋润下，巨藻可长于60米以上，叶片基部的气囊，使海藻能向海面上延伸，形成巨大海底森

▲ 海藻森林

林景观。藻场的褐藻类个体很大，如美国太平洋沿岸的巨藻可生长至20~30米，而且生物量很大，故被称为"海藻森林"。大型海藻类没有真正的根，叶片可直接吸收海水中的营养盐类，这点与浮游植物吸收营养盐的方式相同。由于海水的不断运动和潮汐作用，藻场营养盐不致消耗殆尽，并且浅水区的湍流、上升流和陆地径流也可不断补充海水中的营养物质。

一、垂直分布

海藻场与岩岸潮间带群落一样，其种类分布也呈带状。这种带状分布是由不同深度物理因素（如光照、波浪等）的变化所造成的，种间竞争也是造成带状分布的原因之一。

二、生物群落及其优势种

大型海藻提供藻场生物群落的"框架"，其巨大的叶片表面，为很多附着植物和动物提供生活空间，包括硅藻、微型生物和群体的苔藓、水螅。不少海绵动物、腔肠动物、甲壳动物和鱼类等也在藻场生活。滤食性动物还有海鞘、荔枝海绵等，食腐动物如巢沙蚕、寄居蟹等，捕食性动物如双斑鞘，以及一些定居性或阶段性生活在这里的鱼类。敌害生物主要是海胆，它们可大量摄食幼嫩的藻体。在美国太平洋沿岸，海胆的主要捕食者是一种海獭，后者可对海胆种群数量起调节作

变幻莫测的
水生群落

▲海胆

用，其他捕食海胆的还有海星和某些鱼类。

在一个相对平衡状态下，海藻的数量和海胆的数量处于动态平衡。因此，当海胆数量适当时，有促进海藻物种分化的作用，而且海胆数量也受捕食者所控制。但是，当海胆由于某种原因而大量繁殖时，有可能消灭全部具叶的海藻，留下一片荒芜的基底，其上只有壳状珊瑚藻、硅藻和绿藻。藻场被海胆食光后，栖息于藻林的各种鱼类和无脊椎动物也失去生存的条件。

海獭被认为是北太平洋藻林的关键种。海獭捕食海胆、蟹类、鲍鱼和其他软体动物以及运动缓慢的鱼类。海獭对海胆的捕食调节着大型藻的生产和草食性海胆对大型藻摄食的平衡。

例如在美国加州沿岸，那里的海胆主要是受捕食性海獭的限制。当海獭由于商业性利用而

▲海獭

局部灭绝以后，大量海胆破坏海藻林。后来人们曾使用一氧化钙来毒杀海胆以取代海獭的捕食作用，希望以此来维持大型海藻的生产和商业利用。

三、生产力

大型海藻生活在较理想的生长环境中，光合作用既不受脱水作用的限制，也不受过度暴晒的限制，波浪作用使其叶片能最大限度地延伸在有充足光照条件下，并加速营养物质吸收。因此大型海藻不仅是海洋中最大的藻类，也是生长最快的植物。

据报道，大型海藻每日6~25厘米的生长率是很常见的，最高生长率可达每日50~60厘米。其初级生产力大约介于600~3 000克碳／（平方米·年）之间。在阿留申的安琪加岛近海，大型藻年产量是1 300~2 800克

▲斯泰勒海牛

碳／（平方米·年），这一产量是曾经支持着240多年前灭绝的斯泰勒海牛的食物，这种哺乳动物体长达10米，重达10吨。

大型海藻的生产量被生物群落中的各种消费者消费，包括海胆、螺类、鲍鱼等牧食者和各种滤食者以及某些底栖动物。尽管这些大型海藻类有很高的生产力，但是只有少数无脊椎动物能直接采食这些海藻，如海胆、草食性腹足类以及小型甲壳动物等。植物渗出的和分解产生的溶解有机物被细菌利用。主要的食肉动物岩虾大量捕食贻贝，但也摄食其他无脊椎动物，而它本身又被角鲨、海豹、章鱼及鸬鹚所

捕食。

总之，大型藻类生物提供了空间异质性和高度多样化的生境，初级生产力很高，支持着各种消费者的生活，其食物链形式以碎屑食物链为主。

🔍 **开阔视野**

世界海藻森林由多种大型藻类组成，提供充裕的食物与多样的栖所，吸引许多生物前来觅食与繁殖，是最具生产力的生态系统之一。生物间彼此制衡、相互依赖，形成稳定的生存环境。和热带的珊瑚礁一样，海藻林为许多生物提供生活环境，包括软体动物、甲壳动物、棘皮动物、鱼类及海洋哺乳动物等；同时也为人类提供生产力丰富的渔场。

24 绿色明珠——红树林

❓ **遐思一刻**

大家都知道，哺乳动物是胎生的，但是有多少人知道植物也有"胎生"呢？很不可思议吧！"胎生现象"就是红树林最奇妙的特

▲ 红树林

征，红树林中的很多植物的种子还没有离开母体的时候就已经在果实中开始萌发，长成棒状的胚轴。胚轴发育到一定程度后脱离母树，掉落到海滩的淤泥中，几小时后就能在淤泥中扎根生长而成为新的植株，未能及时扎根在淤泥中的胚轴则可随着海流在大海上漂流数个月，在几千里外的海岸扎根生长。

学海漫步

红树林是以红树植物为主体及其伴生的动物和其他植物共同组成的集合体。它们是热带和亚热带海岸所特有的生物群落，通常出现于风浪较小、海水较平静的内湾、河口、沿岸沼泽和泻湖的潮间带淤泥滩上，

▲红树林一瞥

间或生长在泥沙滩、沙滩以及泥沙覆盖的珊瑚礁环境中。丹麦野生生物基金会主席、丹麦女王的丈夫亨里克亲王曾将红树林称为"绿色明珠"。

红树林的生活环境

红树林生物群落生活的海湾和河口附近的潮间带，受潮汐影响很大。涨潮时，部分或大部淹没于海水中；落潮时，则暴露于空气中，同时，常受雨水和径流的冲刷。这一环境中的沉积物多为淤泥，含水量高，有机碎屑丰富，溶解氧含量低或缺乏，含盐量变化幅度大。上述环境

水生群落

对一般生物种类的繁殖、生长并不十分有利，而红树植物等却以特殊的方式，抗击风浪、适应缺氧泥滩、防止海水侵蚀，并繁殖传播。

红树林的主要生态特征

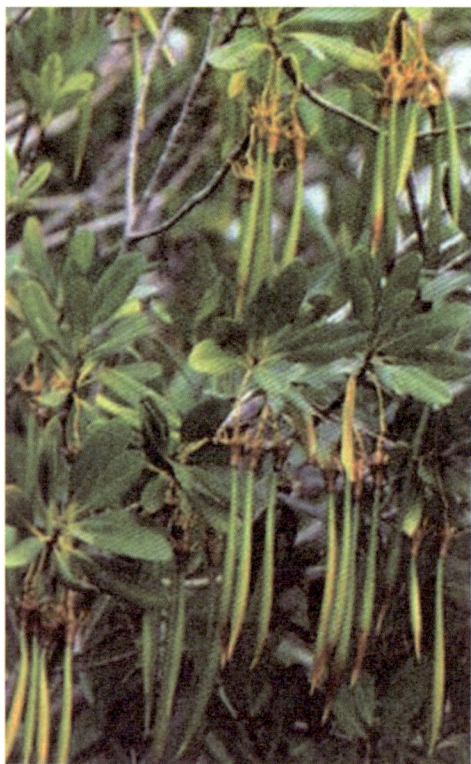

▲ 胎萌现象

红树植物多数是盐生种类，在形态上具有发达的多通气道的特殊根系（支柱根、板状根、气生根、呼吸根）；有独特的繁殖方式——胎生现象；叶片的角质层加厚，形成贮水组织；树皮富含单宁，可达 20%～30% 等。这样，红树植物得以大量发展，在热带、亚热带背风海岸形成大面积的红树林植被带。在热带、亚热带海岸景观中，它以深绿发亮的树叶和高大弯弓状的支柱根为特点。

红树林中的生物种类

能适应潮间带泥滩环境的其他植物和动物种类不多，较为单调。但由于红树林以光合作用制造养料，且这里有丰富的有机碎屑，因而吸引了相当数量的动物来栖居。动物的种数和密度在不同的潮间带各不相同，如澳大利亚利斯特湾潮间带，共发现有海洋无脊椎动物 164 种，其中低潮滩 3.8 平方千米中有 113 种，密度为 988 个／米；中潮滩白骨壤林 1.96 平方千米中有 59 种，密度为 257 个／米；高潮滩盐碱地只有 3 种甲壳动物，密度仅为 1 个／米。

但在红树林区更为重要的是碎屑食物链。红树植物的根、茎、叶、花和枝条等败落到泥沼之后，被迅速分解成有机碎屑，为红树林区各种生物提供了营养。其数量相当可观，如中国福建九龙江口的秋茄林年掉落量达 8.5 吨／公顷，泰国普吉岛红树植物的年掉落量为 6.7 吨／公顷，美国佛罗里达的大红树林年掉落量为 8.8～12.7 吨／公顷。大量的有机物质经林地细菌、真菌分解，为群落中的底栖动物（蟹、鱼、虾等类）提供了营养物质和繁衍生息的场所。

红树林生物群落中红树植物是的主要成员。据道斯 1981 年统计，目前世界上已知的共有 18 科 23 属 80 种。中国学者统计为 24 科 30 属 82 种。它们分别属于双子叶植物纲和单子叶植物纲。其中最高大的红树高达 40 米。中国目前已知的红树共有 16 科 19 属 30 种，最高大的为海莲和海桑，达 15 米。

群落中的其他植物主要是海藻，由于淤泥滩环境不适合底栖藻类的固着生长，因而种类

▲ 海桑

变幻莫测的 水生群落

▲生活在红树林里的动物

不多，常见的有卷枝藻、鹧鸪菜等。

群落中的动物种类较少，而大多数群落中个体数量却很大。如有陆生动物混栖在泥滩上的蟹类，尤其是具大小螯的招潮蟹，它们喜欢掘洞穴居；林下动物还有沙蚕等。红树植物的茎干下部和根部常附着有藤壶和牡蛎，寄居蟹也常在树根和泥滩上爬行，某些滨螺也在这里较为常见。营两栖生活的弹涂鱼既能栖息在树根间营水生生活，以鳃呼吸，又能爬上树干营陆生生活，以皮肤呼吸。在红树林中，还有以海洋动物为食的许多水生鸟类，如鹭鸶、牛背鹭、小白鹭、水鸭，中国台湾还有珍禽唐白鹭。此外，陆生淡水动物（如蜥蜴、蛇类、鼠类和长尾猴）有时也出现在这里。

🔍 开阔视野

红树林的分布

红树林用途较广，其树木可作建筑材料，用于桥梁、矿柱、枕木和桅杆等。红树林还为人们带来大量日常保健自然产品，有些红树植物可用作药材、香料，果实可以食用或酿酒，从树皮中提取的丹宁可

作染料。如木榄和海莲类的果皮可用来止血和制作调味品，它的根能够榨汁，可生产贵重香料。在印度，木榄和海莲类的叶常用于控制血压。斐济的岛民利用海漆类的红树林树叶放入牙齿的齿洞中以减轻牙疼。据说红树林的果汁擦在身体上可以减轻风湿病的疼痛。在哥伦比亚的太平洋海岸的人们浸泡大红树的树皮，制成漱口剂来治疗咽喉疼。在印度尼西亚和泰国，用红树林的果实榨的油点油灯，还能驱蚊和治疗昆虫叮咬和痢疾。由于红树植物花多、花期长，可以成为放养蜜蜂的理想区域。

红树林具有护堤防浪、净化水污染等用途。红树林区为许多鱼虾、鼠类提供了营养物质和繁衍生息的场所；而这些动物又吸引众多的鸟类、蛇类、鳄鱼和海鱼觅食、栖息，使红树林区成为海洋水产农牧化的基地之一。保护红树林生物群落有利于热带、亚热带河口海岸的生态平衡。中国政府近年来采取有力措施保护有"绿色明珠"之称的红树林资源，充分发挥红树林在净化重金属、农药、生活和养殖污水、防止赤潮发生的重要作用。

25 走出神话的马尾藻海

遐思一刻

在大西洋百慕大群岛附近的"魔鬼三角区"东邻海域，有一片生长着大量海草的海域。这里曾发生了许多海难事件，令海员们闻之色变。1492年，航海家哥伦布的船队在大西洋上航行时，发现远处有一块绿色的"草地"，惊喜地认为陆地近在咫尺了，可是当船队驶近时，才发现"绿色"原来是水中生长茂密的马尾藻。不仅靠岸的期待落空了，

变幻莫测的 水生群落

而且几乎陷入马尾藻的困境。后来，哥伦布命令大家排除海草。船员们用竹杆拨开船周围的海草，慢慢地才驶出了这片可怕的海域。从此以后，马尾藻海被蒙上一层神秘和恐怖的色彩，以至后来的许多科幻作家把马尾藻海描写成全球最可怕的海域。

今天，科学家们在这里进行着旷日持久的研究，以期解开马尾藻海深藏不露的秘密，就让我们一起跟随科学家的足迹，来领略一下这片海域的神奇魔力吧！

学海漫步

洋中之海——没有岸的海

马尾藻海又称萨加索海，大致在北纬20°~35°、西经35°~70°之间，覆盖大约500~600万平方千米的水域。马尾藻海围绕着百慕大群岛，与大陆毫无瓜葛，所以它名虽为"海"，但实际上并不是严格意义上的海，只能说是大西洋中一个特殊的水域。马尾藻海是一个"洋中之海"，它的西边与北美大陆隔着宽阔的海域。其他3面都是广阔的洋面。所以它是世界上唯一没有海岸的海。

碧海蓝天——最清澈的海

马尾藻海远离江河河口，浮游生物很少，海水碧青湛蓝，透明度深达66.5米，个别海区可达72米。因此，马尾藻海又是世界上海水透明度最高的海。一般来说，热带海域的海水透明度较高，达50米，而马尾藻海的透明度达66米，世界上再也没有一处海洋有如此之高的透明度。每当晴天，把照相底片放在 1 000 余米的深处，底片仍能感光。这是所有其他海区所望尘莫及的。

"海洋的坟地"

在马尾藻海的海面上，布满了绿色的无根水草——马尾藻，仿佛是一派草原风光。在海风和洋流的带动下，漂浮着的马尾藻犹如一条巨大的橄榄色地毯，一直向远处伸展。除此之外，这里还是一个终年无风区。在蒸汽机发明以前，船只只得凭风而行，那

▲海洋的坟地

个时候如果有船只贸然闯入这片海区，就会因缺乏航行动力而被活活困死。所以自古以来，马尾藻海被看作是一个可怕的"魔藻之海""海洋的坟地"。

马尾藻海的海水稳定，且表层的海水几乎不与中层和深层的海水对流，因而它的浅水层的养料无法更新。这样，不利于浮游生物在这一海区繁殖生长，因此浮游生物较少，同时以浮游生物为食物的海兽和大型鱼类也无法生存，于是这一海域就显得毫无生气，死气沉沉。

马尾藻海上大量漂浮的植物马尾藻，是一种海洋生物，海藻的一种，属于褐藻门、马尾藻科，是最大型的藻类，是唯一能在开阔水域上自主生长的藻类。这种植物并不生长在海岸岩石及附近地区，而是

变幻莫测的

水生群落

▲马尾藻

以大"木筏"的形式漂浮在大洋中，直接在海水中摄取养分，并通过不断分裂以独立生长的方式蔓延开来。据调查，这一海域中共有8种马尾藻，其中有两种数量占绝对优势。以马尾藻为主，以及几十种以海藻为宿主的水生生物又形成了独特的马尾藻生物群落。

鱼类

马尾藻海中生活着许多独特的鱼类，如飞鱼、旗鱼、马林鱼、马尾藻鱼等。它们大多以海藻为宿主，善于伪装、变色，打扮得同海藻相似。最奇特的要算马尾藻鱼了，它的色泽同马尾藻一样，眼睛也能变色，遇到"敌人"，

▲附着于马尾藻上的气泡维持着马尾藻的悬浮。马尾藻上的附着物是水螅虫——一种寄居在海草上的微小海洋动物。

能吞下大量海水，把身躯鼓得大大的，使"敌人"不敢轻易碰它。

鱼类排泄分泌的氮和磷酸盐等营养物质为藻类提供有机养料，同时马尾藻又为鱼类提供栖息地，它们之间形成了奇妙的共生关系。

安圭拉鳗鱼的生命之旅

有科学家研究认为，安圭拉鳗鱼出生于马尾藻海域，成年后长途跋涉到欧洲，然后加入一场"不加区分"的产卵混战——它们可能不会回到父辈曾经的家园产卵。

但最新的调查证实，安圭拉鳗鱼的确出生于马尾藻海域

▲从洞穴中爬出的海鳗

然后"搭乘"加尔伏湾流经过大西洋抵达欧洲沿岸水域，在那里度过两年的"童年"时光，然后溯流而上寻找到上游的一条河，这条河很可能是它们的父辈曾经定居的同一条河流，在那里一待就是10~15年。之后，便开始生命中最为华彩的一章——经大西洋返回马尾藻海域产卵，直至死亡。

海龟失踪之谜

远海的生物群落总是遥不可及，很难研究，甚至连想像都难。有些生物在它们被人们研究之前可能已经消亡，比如栖息于马尾藻海濒

123

临灭绝的 7 种大海龟。哥伦布在 1503 年第四次航海时，曾经惊讶地看到开曼群岛沙滩上遍布的海龟，它们在那里筑窝、产卵。而科学家们估计现在大概仅有 6% 的海龟存活了下来。

大头海龟是人们研究得最多也是最熟知的海龟。从位于西太平洋的加罗林岛到加勒比海的海滩，到处可以看到它们在筑窝产卵。每年 7~10 月的孵化季节，小海龟们一出壳便纷纷爬向大海。它们中的勇敢而幸运者最终躲避开饥饿的螃蟹和海鸟，一头扎进大海再也不见踪影，直到再次返回到相同的海滨，产下自己的卵。

阿奇布雷德·卡雷尔是一位资深海龟研究专家，他经过深入研究发现了海龟"失踪"的秘密：海龟失踪的 1 年就是在马尾藻海度过的。最近经过 10 年跟踪，科学家证实了阿奇布留德的理论，但发现海龟滞留在马尾藻海的时间不止一年，可能更长。

任何对马尾藻海

▲绿海龟

的威胁都将直接影响到海龟的数量。年幼时期的海龟们之所以要离开营养丰富的沿岸海域，是因为那里密布它们的天敌，而它们太年幼、脆弱，易受到攻击。成熟以后它们才返回沿岸生存环境，因为这时它们需要更多的食物。

马尾藻和它的同类可能随海流漂流到世界各地，并以独特的方式融入当地居民的生活。例如，亚洲人常把跟马尾藻相似的海草制作成传统的药材。美国癌症研究人员为了寻求合适的抗癌和抗艾滋病药物，曾提取若干种植物样本进行抽检化验，结果发现在许多海藻中含有一种物质，能够刺激、提高免疫系统的功能。马尾藻也许还能在工业废物的处理中起到作用。最新的研究发现，死亡马尾藻的叶片中含有大量重金属，它如同一个天然的离子交换器，能够积聚大量有毒的重金属铅、铜、铬、锌、铀等，成为很好的重金属天然吸附剂。

今天，来自世界各地的海洋学家、生物学家、气象学家和其他科学家们云集百慕大生态考察站，以便定期从宏观和微观各方面详细了解马尾藻海的情况。百慕大岛位于马尾藻海西北部，是坚硬的珊瑚礁形成的火山岩山顶，这是一个理想的研究马尾藻海域的基地。在那里研究者们发现，长期以来一直被视作"死亡地带"的马尾藻海其实充满生机，是上千种生物生活的天堂。它还是一个人类未充分利用的宝地，在这里可以找到治疗人类疾病的多种生物化学药源。

26 别样的河口生态环境

遐思一刻

丹东河口景区地处鸭绿江的下游，素有"塞外江南"之美誉，是著名的鱼米之乡，也是我国燕红桃主要生产基地。

变幻莫测的 水生群落

▲桃花盛开的河口景区

鸭绿江景区被国务院批准为国家重点风景区名胜区。2001 年，在这里拍摄的电视连续剧《刘老根》的热播，一下子吸引了众多关注，鸭绿江河口和龙泉山庄作为《刘老根》的取景地而享誉大江南北。1982 年，著名词作家邬大为到河口采风，为鸭绿江河口景色所陶醉，欣然作词，并由铁源作曲，谱下了《在那桃花盛开的地方》，这首歌经蒋大为一唱走红。春季里，漫山遍野的桃花粉红如霞，香气袭人，蔚为壮观；秋天，鲜桃压枝，硕果累累，令人垂涎。桃花盛开的河口，也变成了人们心向往之地方。

当然，这只是众多河口中的一个例子，那么在如此美丽的河口景区又有着怎样奇异的生物群落呢？他们是如何生活的呢？就让我们带着那份好奇一起去寻访一下吧！

▲赤潮

河口环境条件比较恶劣，所以生物种类较贫乏。广温性、广盐性和耐低氧是河口生物的重要生态特征。河口区的生物组成主要有3种成分：1.海洋动物，来自海洋入侵种类，占主要成分；2.淡水动

▲ 蟹

物，由广盐性淡水生物移入，仅占少数；3.半咸水动物，是已适应于低盐条件的特有种类。河口湾有利于各种各样的植物在整年内都能进行光合作用，它们包括浮游植物、小型底栖硅藻类和海草、盐沼草类和大型海藻等。其中，小型底栖藻类常被人们所忽视。另外，河口生态系统和其他富营养系统一样，有时候会由于一些甲藻突然大量繁殖而形成"赤潮"。

河口浮游动物的特点是阶段性浮游动物种类较多，而终生浮游生物的种类较少。栖息在河口区的底栖动物多是广盐性种类，能忍受盐度较大范围的变化。例如，泥蚶、牡蛎和蟹等主要经济种类都是完全营河口湾生活的。由于河口区底部有大量有机碎屑，因而底栖动物的碎屑食性和滤食性种类较多，但也有不少捕食性动物。

游泳生物终生生活在河口区的只有鲻鱼等一些少数种类，而阶段性生活在河口区的生物却是大量的，因为很多浅海生物在洄游过程中常以河口作为索饵育肥的过渡场所，特别是许多海洋经济动物的产卵

场和幼年期的索饵育肥均都在河口附近水域，如鳗鲡、梭鱼和大、小黄鱼等在河口区进行生殖的洄游鱼类。

河口生物群落的特征之一是种类多样性较低，而某些种群的丰度却很大。

河口生物的分布

河口生物一般都能忍受温度的剧烈变化。但是在盐度适应方面存在较大的差异，这影响它们在河口区的分布。按照耐盐性的不同可将河口生物可划分为：1. 贫盐性种类，适应在 5.0 的盐度以下生活，因此仅见于河口内段，接近正常淡水环境。2. 低盐度种类，适应在 15~32.0 的盐度下生活。如盐沼红树林、浅水海草群落、偏顶蛤、蓝蛤、大腿伪镖水蚤等软体动物和甲壳动物。3. 广盐性海洋种，适应在 26~34.0 的盐度下生活，适应幅度较大，可分布在河口，也可见于外海。4. 狭盐性海洋种，适应在 33.0~34.5 的盐度范围生活。随着外海高盐水的入侵，偶见于河口区或季节性地分布到河口。

河口生物对水温度变化的适应

河口水温随纬度而异。适于在低温生活的种类在高温季节种群数量最低，甚至以休眠或包囊形式度过条件不利的时间。反之，适应高温生活的种类在低温季节常产休眠卵，以度过不利的时间。因此，河口一些生物类群表现出季节性更替现象。

河口生物对渗透压调节的适应

由于河口是淡水和海水交汇区域，一些上溯入河川营生殖洄游的

▲白海豚

鱼类，如鲑、鳟、银鱼、刀鲚等，一些下行入海营生殖洄游的动物，如中华绒螯蟹、日本鳗鲡等，以及在河口区营生殖洄游和索饵洄游的动物，如梭鲻鱼类、鲈鱼、江豚、白海豚，它们进入河口区后，不论将这儿作为通道或活动区域，都需要作短暂的停留，调节个体渗透压，以适应河口、下海或入河的环境。

河口生物在繁殖上的适应

河口水的流动很急，在红树林区，植株的果实直接插入泥中，减少被漂浮带走的危险。一些甲壳类的卵常具卵囊，以适应动荡环境。

河口群落和生产力

河口生物群落的主要特点是种的多样性低，单个种群或数个种群的丰度大。虽然河口拥有大量营养盐类，但由于透明度低、浮游植物光合作用的效能受影响，致使河口营养物质未能充分利用，所以浮游植物高产量区常出现在河口外区。河口含有

▲污染的河口

变幻莫测的 水生群落

大量有机碎屑，为食碎屑的动物或滤食动物提供了丰富的食源。在河口，种间竞争不强烈，但滤食性或草食性动物大量发展，因此形成相当高的次级产量。

🔍 开阔视野

由于河流承受城市工业污水排放的污染，污染严重时河口生物常受损害，例如氮的排放可形成河口高度富营养水，促使一些鞭毛虫类和硅藻过度繁殖造成河口赤潮现象，直接危害河口贝类、鱼类等。一些重金属离子和农药也常在河口养殖对象体内富集为害。

27 静水群落

❓ 遐思一刻

静水是指陆地上的湖泊、沼泽、池塘和水库等。所谓静水只是相对而言。静水群落分为若干带。沿岸带：阳光能穿透到底，常有有根植物生长，包括沉水植物、浮水植物（漂浮植物和浮叶植物）、挺水植物等，并逐渐过渡为陆生群落。离岸到远处的水体可分为上面的湖沼带和下层的深底带，湖沼带有阳光透入，能有效地进行光合作用，有丰富的浮游植物，主要是硅藻、绿藻和蓝藻。深底带由于没有光线，自养生物不能生存，消费者生物的食物依赖于沿岸带和湖沼带下沉的食物颗粒。因此湖泊的初级生产依靠于沿岸带的有根植物和湖沼带的浮游植物。温带的湖泊分为富养的和贫养的两类。富养湖一般水浅，贫养湖则深。

大陆中的水体还有一些特殊的群落类型，如温泉、盐湖等。

学海漫步

湖　泊

　　湖泊中的藻类以浮游藻类为主。浮游藻类是湖泊水生生物的主要组成部分之一，它与水生高等植物一样具有叶绿素，利用光能进行光合作用制造有机物质，同时放出氧气，故属营自养的生物。它与水生高等植物共同组成湖泊中的初级生产者，在某些缺少水生高等植物的湖泊中，它则是唯一的初级生产者，而且是湖泊中一些动物和微生物食物的主要来源和基础。湖泊中浮游藻类包括蓝藻门、隐藻门、甲藻门、黄藻门、金藻门、硅藻门、裸藻门和

桥弯藻

硅藻

新月藻

角甲藻

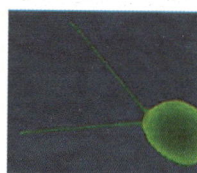
衣藻

▲藻类生物

绿藻门等种类，其中尤以蓝藻门、硅藻门和绿藻门的种类为最多。

　　水生植物是指那些能够长期在水中正常生活的植物。它们是出色的游泳运动员或潜水者，由于常年生活在水中，形成了一套适应水生环境的本领。水生植物的叶子柔软而透明，有的形成丝状（如金鱼藻）。丝状叶可以大大增加与水的接触面积，使叶子能最大限度地吸收水里

变幻莫测的 水生群落

微量的光照和溶解的二氧化碳，保证光合作用的进行。

水生植物另一个突出特点是具有很发达的通气组织。莲藕是最典型的例子，它的叶柄和藕中有很多孔眼，这就是通气道。孔眼与孔眼相连，彼此贯穿形成一个输送气体的通道网。这样，即使长在不含氧气或氧气缺乏的污泥中，仍可以生存下来。通气组织还可以增加浮力，维持身体平衡，这对水生植物也非常有利。

挺水植物——粉千叶莲

沉水植物——黄花狸藻

浮叶植物——睡莲

漂浮植物——浮萍

▲水生植物

在我国，湖泊中常见的水生高等植物约有70种。它们中绝大多数生长在淡水湖中，属淡水种类；个别种类可生长在咸水环境中，属咸水种类。根据不同的形态特征和生态习性，水生高等植物可分为挺水植物、漂浮植物、浮叶植物和沉水植物等4个生态类型。如果湖盆形态比较规则、水动力特性和地质条件也较为近似，那么这四种生态类型多呈环带状分布，即由沿岸向湖心方向依次出现挺水植物、漂浮植物、浮叶植物和沉水植物所组成的生态系列。

浮游动物是一个生态类群的概念，只包括原生动物、轮虫、枝角

莓花臂尾轮虫

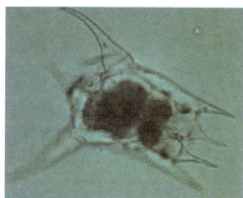
裂足轮虫

轮虫

钟虫

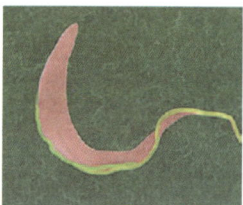
原生动物

浮游幼虫

▲ 浮游植物

类和挠足类等四类动物中在湖内营浮游生活的种类，不包括它们分布于湖内的所有种类。湖泊浮游动物中以原生动物的种类为最多。浮游动物属于消费者，但它们也是更高一级动物的食物。一些经济鱼类是以浮游动物为饵料，而几乎所有经济鱼类的幼鱼都吃浮游动物。

湖泊鱼类资源丰富，种类繁多。我国湖泊鱼类以鲤科鱼类为主，常见的有10个亚科，其中青鱼、草鱼、鲢鱼、鳙鱼是我国的特产，号称"四大家鱼"。"四大家鱼"加上鲤鱼、鲫鱼、鳊鱼、鲂鱼是湖泊的主要经济鱼类。其他科种类不多，但数量较多，也是湖泊重要的经济鱼类。

我国一些主要湖泊大多与江河相通。因此，湖

青鱼

草鱼

鲢鱼

鳙鱼

▲ 我国湖泊常见鱼类

蚌

螺蛳

螃蟹

河蚬

泊与江河中所分布的鱼类一般较难完全区别。湖泊中多定居型鱼类，其中不少鱼类终生在湖泊中生活，但也有不少鱼类要到江河中产卵繁殖，繁殖后的亲鱼及仔稚鱼回到湖泊育肥，如"四大家鱼"。有些鱼类在湖泊和江河中都有分布，但通常要在湖泊中产卵繁殖，如鲤鱼、鲫鱼等是草上产卵的鱼类，这是我国湖泊鱼类资源组成的特点。

底栖动物是一个庞杂的类群，其所包括的种类及其生活方式较浮游动物复杂得多。原生动物、多孔动物、腔肠动物、扁形动物、线形动物、担轮动物、拟软体动物、环节动物、软体动物和节肢动物诸门都有生活于湖底的种类，常见的底栖动物有水蚯蚓、摇蚊幼虫、螺、蚌、河蚬、虾、蟹和水蛭等。

水库

水库一般是在河流上筑坝拦蓄径流而成的人工湖，其生境介于河湖之间，但生物种数较同类型湖泊为少，例如黑龙江水系8个湖泊

中有浮游植物 143 属，浮游动物 101 种，而 11 个水库中只
有浮游植物 93 属，浮游动物 95 种。由于水位变动很大，
水库中水草十分贫乏，因而周丛生物和底栖动物也不发达。生物多
样性从上游到下游呈增加趋势。中国水库鱼类区系大多以人工放养
的鲢鱼、鳙鱼等鱼类为主。

🔍 开阔视野

五大湖区

五大湖区每个湖中生物种数

湖区	水草（种）	底栖动物（种）	浮游动物（种）	鱼类（种）
东部平原湖区	几十到 100 多	20～100 多	40～120 多	可达 100 多
东北平原和山地湖区	＜50	＜50	30～70 多	＜60
云贵高原湖区		10～110 多	30～170 多	＜30
蒙新高原湖区	20 以内	＜70	＜70	＜30
青藏高原湖区	4～5	8～22	12～40	3～8

东部平原湖区，包括长江和淮河中下游湖群和黄河与海河下游的
湖泊，多属中营养型和富营养型浅水湖，生物种类丰富，中国常见淡
水生物大多数在这里有分布。东北平原和山地湖区，以富营养型浅水
湖居多，生物种数不及东部湖区丰富，除冷水性鱼类特有种外，尚有
4 种贝类、4 种枝角类以及 12 种桡足类。云贵高原湖区，湖泊类型较
多样，生物种类丰富。蒙新高原湖区，多为内陆盐水湖，生物种类贫
乏。青藏高原湖区，湖水较深，以贫营养型湖和内陆盐水湖为主，生
物种类贫乏。

28 流水群落

▲ 逆流而上的大马哈鱼

大马哈鱼又称鲑鱼。它们在海里生活4年之后，到每年8~9月间性成熟时，成群结队地从外海游向近海，进入江河，沿江而上，日夜兼程，不辞辛劳，每昼夜可前进30~35千米，不管是遇到浅滩峡谷还是急流瀑布，都不退却，冲过重重阻扰，直到目的地。

成鱼入江后停止摄食，做好产卵准备的大马哈鱼体色会发生改变，颜色鲜艳。产卵前，雌鱼用腹部和尾鳍清除河底淤泥和杂草，拨动细沙砾石，建筑一个卵圆形的产卵床。然后，雌雄鱼双双婚配产卵。大马哈鱼对产卵场的条件要求很严，环境要僻静，水质澄清，水流较急，水温5~7℃，底质为砂砾地。产卵后，还要守护在卵床边，直到死亡。100多天后，小鱼才从卵中孵出，来年春天，它们顺流而下，又游向大海，然而它们不会忘却故乡，一旦性成熟，又会历经千难万险，游回家乡。

▲ 蜻蜓

流水主要指陆地上的江河与溪流等。流水群落又可分为急流和缓流两类。

急流群落中水的含氧量高，水底没有污泥，河床多以石砾垫底，水流清澈，栖息在那里的生物多附着在岩石表面或隐藏于石下，以防止被水冲走，植物种类主要以固着性藻类为主，如刚毛藻、丝藻和大量硅藻。通常有根植物难以生长。动物以水生蚊虫、蜻蜓、蜉蝣和小型鱼类为主，有些动物具有吸盘附着于水流急速的岩石表面上。但有些鱼类（如大马哈鱼）能逆流而上，在此产卵，以保证充分的溶氧供鱼苗发育。

缓流群落的水底多污泥，河床宽，多为泥质或沙质底，底层易缺氧，游泳动物很多，底栖种类则多埋于底质之中。

生产者除多为浮游性的绿藻、蓝藻和某些硅藻外，在河汊与岸滩平广的浅水处

▲ 大马哈鱼

137

常有高等植物成片分布，还通过级级支流与渠道输入较多的有机碎屑，虽然有浮游植物和有根植物，但它们所制造的有机物大多被水流带走或沉积在河流周围。消费者中有浮游动物、甲壳类和底栖穴居的水蚯蚓、蚊类幼虫等，有的地方还有螺、蚌等软体动物。自游生物以鲤鱼、鲶鱼、鲫鱼等为常见。

中国河流四大水系中，黑龙江水系是寒温带水系的代表，约有鱼类100种，包括雷氏七鳃鳗、乌苏里白鲑等冷水种和施氏鲟等北方特有种。黄河水系是暖温带水系的代表，约有鱼类190个种与亚种。上游种类少，均属裂腹鱼亚科和条鳅亚科种类；中游种数增多，包括鸽子鱼等特有种；下游种类更多，多属江河平原型和一些洄游性鱼类。长江水系是北中亚热带水系代表，有鱼类332个种与亚种，纯淡水鱼291种，以江河平原鱼类为主，鲤科约占一半；鲥、鳗鲡等回游性鱼类在下游很多。中国特有珍稀鱼类白鲟和胭脂鱼主要产于长江。珠江水系是南亚热带水系代表，有鱼类313个种与亚种，纯淡水鱼270种，特有种有须鲫、似鱿等100种。

其余10个水系中，辽河水系和海河水系各有鱼100

▲壮丽的澜沧江

种，区系介于黑龙江和黄河之间。淮河水系有鱼120种，区系介于黄河与长江之间。钱塘江水系有鱼157种，纯淡水鱼123种；闽江水系有鱼160种，纯淡水鱼118种，以鲤科和江河常见鱼类为主。台湾岛水系和海南岛水系各有鱼类97种和122种，纯淡水81种和105种，区系与大陆相近，澜沧江、怒江水系和雅鲁藏布江水系均属高原河流，鱼种数多，特有种也多，区系复杂，以裂腹亚科、鮡亚科等鱼类居多，塔里木河水系鱼类仅10余种，包括黑鲫、丁等多个特有种。

🔍 开阔视野

河流生物多样性有从上游向下游递增的趋势。鱼类种类很多，上游以喜流性淡水鱼类为主，中下游还有溯河性和河口鱼类进入。河流下游地区一般人口密集、工农业比较发达，排入河流中的污水量大，水中含氮、磷等元素丰富，使河水出现富养化现象。被有毒物质严重污染的河流，不仅会改变水生生物的种群结构，有机体的生理、形态和繁殖；还会破坏鱼、虾、蟹的产卵场，切断其洄游路线，使水产资源减少，甚至影响人类健康。

▲ 保护我们美丽的河流

29 沼泽里的生物世界

▲长满芦苇的沼泽

沼泽是水草茂密的泥泞地带。冯牧在《湖光山色之间》提到："我们经常得穿越密密的藤蔓和树丛，徒涉过潺湲的溪流和被浅草覆盖着的沼泽。"还有张贤亮的《灵与肉》中写道："草场上有一片沼泽，长满细密的芦苇。"这些都是对沼泽外观的生动描写，今天我们就来认识一下沼泽吧。

学海漫步

沼泽生物群落包括沼泽植物、沼泽动物、细菌和真菌4个类群，其组成极为复杂。沼泽生物群落因不同部位所受光、热、湿度、空气、基质等的影响不同，呈分层现象，由地面上不同高度直至土层的不同深度具有不同的结构和组成。沼泽半水半陆的生态环境决定了其植物群落和动物群落具有明显的水陆相兼性和过渡性。

▲ 沼泽地区

沼泽植物群落包括乔木、灌木、小灌木、多年生禾本科、莎草科和其他多年生草本植物以及苔藓和地衣。沼泽植物是该生态系统中能量的固定者和有机物质的最初生产者，是最重要的营养级，居于特别重要的地位。也为人们提供了可利用的资源。不同地区、不同类型的沼泽生态系统中的植物成分有所差别。

森林沼泽化形成的沼泽，结构较

▲ 森林沼泽

复杂。富养森林沼泽的地上部分有喜光的乔木层，喜阴耐湿的灌木层，喜湿的草本层。草本层中草丘发达。地下部分由枯枝落叶层和泥炭层（有活根）组成。贫养森林沼泽的植物种类少，结构较简单，地上部分由稀疏乔木形成疏林，林下为喜湿耐酸的小灌木层和泥炭藓层，泥炭藓掩埋部分或全部草丘，有时没有乔木，地下部分有泥炭层（含有少数活根）。

中养森林沼泽属于上述两类沼泽之间的过渡类型。植物种类丰富，贫养和富养植物都有，因而结构较为复杂。地上部分有乔木层、灌木层、

变幻莫测的 水生群落

小灌木层、草木层、藓类地被层，没有藓丘。地下有泥炭层（含有活根）。

　　湖泊形成的沼泽，初期时，依照水的深度和光照条件，植物从湖岸向湖心呈水平带状分布，分苔草植物带、挺水植物带、浮水植物带和沉水植物带，前两带组成沼泽。发育至中养阶段时，湖面出现苔草和泥炭藓层。贫养沼泽阶段，湖盆堆满泥炭，湖面以泥炭藓层为主，地表隆起。

▲多姿的沼泽生物

　　草甸沼泽化形成的草丛沼泽，随水文状况不同，而有草丘和丘间湿洼地之分。丘上潮湿，植物丰富，苔草为优势种（在高山和高原以嵩草为主），其间夹有杂草类，丘间洼地积水，生长喜湿植物。地下部分有草根层和泥炭层（中有少数活根）。

沼泽动物

　　不同类型的沼泽栖居着不同的动物。富养沼泽动物种类丰富，有哺乳类、鸟类、爬行类、两栖类、鱼类和无脊椎动物昆虫等。哺乳类以水獭、水田鼠、水䶄为代表。鸟类最多，有多种鹬类、涉禽类的鹤和鹭、游禽类的鸭和雁、猛禽类的沼泽鹞等。两栖类有蟾蜍和青蛙。爬行类有蛇。还有多种鱼类。水中还有双翅目昆虫的幼虫等。

水中原有浮游植物
和水生藻类

水中菌类等微生物
分解红树林叶子，
供以下动物之食料

红树林叶子

昆虫幼虫

环节动物（沙虫）

桡脚类动物

节肢动物

双贝类

招潮蟹

螃蟹

草虾类

寄居蟹

鱼类

弹涂鱼

▲ 生活在沼泽上的生物

草本沼泽中通常动物较多，如田鼠和麝鼠，土壤中有寡毛类、蜘蛛和线虫。线虫在无氧条件下从植物的通气组织获得氧，甚至在无氧条件下也能生存。木本沼泽的动物主要是鸟类和过境的哺乳类，如熊、麂、狼等。森林沼泽的土壤动物有寡毛类、双翅类的幼虫以及线虫等。

泥炭藓沼泽无掩体，土壤呈强酸性，营养贫乏，故动物少，但可见到无脊椎动物的弹尾类、蜘蛛和蜱、螨等。

沼泽动物中有的是珍贵的或有经济价值的动物，如黑龙江西部扎龙和三江平原芦苇沼泽中的世界濒危物种丹顶鹤，三江平原沼泽中的白鹤、白枕鹤、天鹅，华北和新疆天山地区沼泽中的矶鹬，青海湖周围沼泽中

▲ 丹顶鹤

的

143

变幻莫测的 水 生 群 落

斑头鸭，青藏高原芦苇沼泽中的大型涉禽黑颈鹤以及斑嘴雁、棕头雁等。沼泽中还有哺乳类动物水獭、麝鼠和两栖类的花背蟾蜍、黑斑蛙等。此外，由浮生植物所形成的沼泽及其水体，为鱼类提供了产卵、繁殖、育肥的场所，如产黏性卵的鲤科鱼类。

开阔视野

沼泽是自然资源的组成部分。沼泽地草本植物生长茂密，土地肥沃，有机质含量高，排干后可开垦为耕地。素有"鱼米之乡"美称的珠江三角洲、江汉平原、洞庭湖平原、太湖平原等，都是从沼泽上开发出来的。沼泽蕴藏着丰富的泥炭资源，适当利

▲ 多彩的沼泽地

用时，可垦为农田，林场或牧场。沼泽上的纤维植物和泥炭利用具有广阔的前景。纤维植物（小叶章、大叶章、芦苇、毛果苔草等）是很好的造纸和人造纤维的原料。泥炭有机质含量丰富，一般为50%~70%，氮、磷、钾等的含量也较高，是良好的肥料，并可用泥炭来改良土壤，提高土壤肥力。此外，泥炭在工业、农业、医药卫生等方面有广泛的用途。

30 不可思议的盐沼生物

传说中的"天空之镜"是指乌尤尼盐沼，它位于玻利维亚西南部的乌尤尼小镇附近，是世界最大的盐沼。眼前亮晶晶闪动的不是冰，而是盐。一望无际的白色世界吸引了全球各地许多游客的造访。据说大约 4 万年前，这里原本是一个巨大湖泊，湖泊干涸后，就形成了一块月牙形状的盐沼地，也就是如今的乌尤尼盐沼。当你漫步在盐沼的

▲天空之镜

天地，浸没在纯白的世界里，会彻底被这令人窒息般的美丽所折服。

乌尤尼盐沼不仅拥有美到极致的自然风光，还是许多珍稀动植物生活的天堂。生长了千年的仙人掌、稀有的蜂雀、还有粉红的火烈鸟，它们的身影为乌尤尼盐沼增添了勃勃生机。

学海漫步

盐沼是地表过湿或季节性积水、土壤盐渍化并长有盐生植物的地区。有人认为，盐沼属于广义的沼泽范畴，但它在水质、土壤、植被和动物各方面与其他沼泽类型都有明显的差别。盐沼地表水呈碱性、土壤中盐分含量较高，表层积累有可溶性盐，其上生长着盐生植物，

变幻莫测的
水生群落

这是它的基本特性。

一、植物

盐沼中的植物种类十分贫乏，1 平方米通常仅 3~5 种，而且常形成单种群落。藜科植物是盐沼中占优势的种类，其他科，如禾本科、莎草科、蓼科、报春花科、天南星科、灯心草科和菊科等也出现在盐沼中。

▲ 单种群落

盐沼植物以一年生肉质植物最为典型。如藜科碱蓬属植物的碱蓬，盐爪爪属植物的盐角草、盐生草，报春花科的海乳草，水麦冬科的水麦冬等都是代表。

盐沼中的植物长期生活在多盐的生理性干旱条件下，其形态结构具有旱生特性，根据盐沼植物对多盐环境的适应方式，可以区分两个生态型：

盐生植物

它们的耐盐性强，细胞液的浓度高、渗透压高，可达 40 个大气压以上，甚至最高达到 100 个大气压，因而能从含盐量高的土壤中吸取水分。植物的茎和叶肉质化，而且其肉质性随盐分增高而增强。水分占植物体的 92% 以上，呈中性和弱碱性，因此植物在生理性干旱条件

下得以维持正常生命活动。有的植物叶片退化、缩小，或与茎合生成筒状，仅下表面与外界接触，以减少水分蒸腾，如盐角草。这些盐生植物灰分含量很高，中国柴达木盆地的盐生植物有的灰分含量可达 30% 以上。

泌盐植物

它们与盐生植物不同，植物体内不积累盐分，而通过泌盐方法，把体内的盐分排出体外。泌盐植物的叶具有特殊的分泌腺，分泌的液体中含有氯化钠。水蒸发后盐类结晶遗留在叶表面，然后通过风吹、雨露淋洗，脱离开植物体；或在秋后随脱落于地表的茎叶到达土壤。分布于中国西北内陆和海滨的马牙头和红树林中的白骨壤（海榄雌）以及米草类都属于泌盐植物。

二、动物

盐沼地表过湿，土壤中多盐，不利于动物生活，故动物种类也十分贫乏。蛟虫是主要动物群，而且避开盐水，在植物上部活动。土壤动物有蠕虫。在海滨的盐沼中常有蟹、贝类和软体动物。

三、典型群落

盐沼生境不利于植物生长，故植物种类少，群落结构简单；多为单层，类型也较少。世界广泛分布的类型主要是盐角草群落、碱蓬群落、芦苇群落和米草群落。

▲ 盐沼动物

147

变幻莫测的 水生群落

盐角草群落

中国的盐角草群落的总盖度可达 90％，以盐角草为单优势种，有时形成纯群落。有时在边缘伴生有矮生芦苇和少数其他植物。如在罗布泊伴生翼花碱蓬，疏勒河下游伴生有马牙头、碱地风毛菊和滨海薹草等。

碱蓬群落

中国的碱蓬群落由多种碱蓬组成，在西北内陆，盐地碱蓬和角果碱蓬往往形成纯群落。内蒙古草原的碱蓬群落中，常伴生有蓼科植物剪刀股（西伯利亚蓼）、盐地风毛菊等。

▲ 碱蓬群落

芦苇群落

分布于盐沼的芦苇通常是矮生型，在中国海滨和内陆湖滨都有分布。芦苇群落中，常伴生有碱茅，在内陆湖滩盐化程度轻的情况下，芦苇长势较好，高度可达 1 米，为单优势种，形成纯群落。盐渍性强的地方，芦苇长势不好，如柴达木盆地盐沼中的芦苇，其分蘖节密集、簇生，呈莲座丛状，伴生有水麦冬、海乳草、盐地风毛菊等肉质盐生植物。

米草群落

分布于海滩，为海滨先锋植物。中国的米草群落是人工栽培的，由大米草组成，为天然杂交种。比欧洲海岸米草及美洲互花米草的植株高大，故称为大米草，原产英国南海岸，法国也有天然分布。目前在世界许多地方，如爱尔兰、荷兰、德国、丹麦、澳大利亚、新西兰和美国都有栽培。中国于1963年从英国引进。从辽宁省葫芦岛一直到广东省电白的沿海滩地，不少地方进行了引种栽培，生长很好。

大米草为丛生多年生泌盐植物，喜水耐盐，生长在其他植

▲米草群落

物不能生长的海滩中潮间带。叶背面有盐腺，分泌多余盐分。大米草再生能力强，为牲畜喜吃的牧草，成片的大米草群落可作为放牧场。年鲜草产量为每公顷15~30吨，最高每公顷37.5吨以上。大米草也为海鸟、天鹅、大雁等水禽所喜食。此外，大米草群落也是海滨动物的栖息场所，常见动物有海蟹、贝类、软体动物等。

🔍 开阔视野

中国的盐沼以内陆盐湖滩发育的较为典型。常有盐爪爪群落、盐角草群落、碱蓬群落和芦苇（矮生型）群落等。那里盐沼常以湖水为

中心，随地下水位深度和土壤盐渍化程度的不同，植物群落环湖呈带状有规律的分布。以柴达木盆地的盐沼为例：湖水边盐渍化程度重，地表为白色盐壳，寸草不生；其外围季节性积水地段，土壤中的盐分浓度高，分布着盐角草群落和碱蓬群落；再外侧地下水位稍低，土壤含盐量较少，为芦苇群落；盆地边缘芦苇的外侧，有时出现盐沼向草甸过渡的类型，后两带中常生长有芦苇、水麦冬、海乳草、盐地风毛菊等。

时空跨越

31 食物链里的秘密

遐思一刻

池塘中的藻类是水蚤的食物，水蚤又是鱼类的食物，鱼类又是人类和水鸟的食物。于是，藻类—水蚤—鱼类—人或水鸟之间便形成了一种食物链。

小鸟吃食蚜蝇和蜘蛛

猫吃蓝山雀和鹀之类的鸟

雀鹰吃小鸟

食蚜蝇的幼虫吃蚜虫

蚜虫吃植物

燕子等吃飞虫

蜘蛛吃蚜虫，又被鸟吃

植物是动物和真菌等分解者的食物

獾吃植物和鼷鼠甲虫及蜗虫之类的小动物

鸫吃蜗牛

蜗牛吃植物

真菌和细菌以植物为食

蚯蚓吃死了的动植物

鼹鼠吃昆虫

甲虫吃蚯蚓

▲ 食物网

学海漫步

食物链组成的食物网

生产者（主要是绿色植物）是指能用无机物制造营养物质的自养生物，也包括一些化能细菌（如硝化细菌），其产生的生物量称为初级生产量或第一性生产量。生产者为消费者和分解者生命活动提供能源。

消费者属于异养生物，指那些以其他生物或有机物为食的动物，它们直接或间接以植物为食。根据食性不同，可以区分为食草动物和食肉动物两大类。食草动物称为第一级消费者。食草动物又可被食肉动物所捕食，这些食肉动物称为第二级消费者或第一级食肉者，如瓢虫以蚜虫为食，黄鼠狼吃鼠类等。又有一些捕食小型食肉动物的大型

食肉动物如狐狸、狼、蛇等，称为第三级消费者或第二级食肉者。又有以第二级食肉动物为食物的如狮、虎、豹、鹰、鹫等猛兽猛禽，就是第四级消费者或第三级食肉者。这些不同等级的消费者从不同的生物中得到食物，就形成了"营养级"。

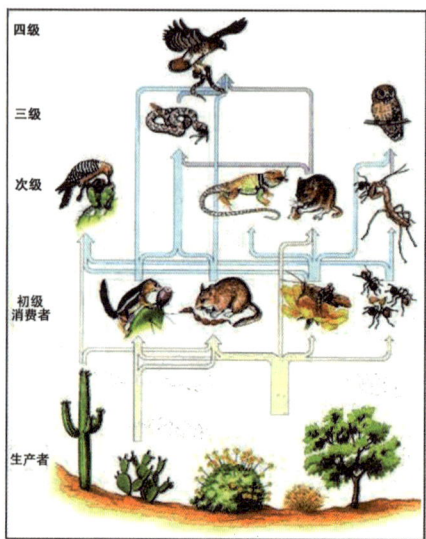

▲ 食物链（网）组成

由于很多动物不只是从一个营养级的生物中得到食物，如第三级食肉者不仅捕食第二级食肉者，同样也捕食第一级食肉者和食草者，所以它同属于几个营养级。所以各个营养级之间的界限是不固定的。

在自然界中，每种动物并不是只采食一种食物，因此形成一个复杂的食物链网。

分解者也是异养生物，主要是各种细菌和真菌，也包括某些原生动物及腐食性动物如食枯木的甲虫、白蚁，以及蚯蚓和一些软体动物等。它们把复杂的动植物残体分解为简单的化合物，最后分解成无机物归还到环境中去，被生产者再利用。

一个生态系统中常存在着许多条食物链，由这些食物链彼此相互交错连结成的复杂营养关系为食物网。

在生态系统中，生物之间的捕食和被捕食关系并不像食物链所表

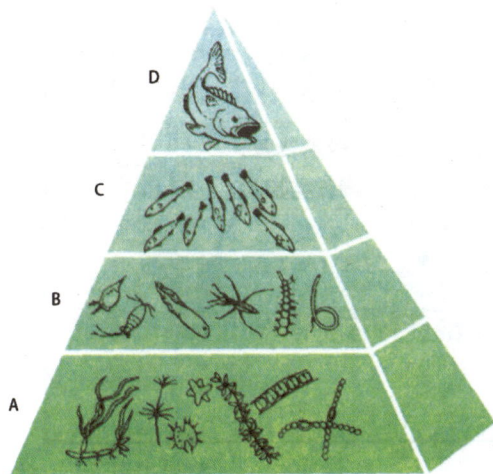

A.第一营养级　　B.第二营养级
C.第三营养级　　D.第四营养级

▲ 能量金字塔

达的那么简单，

食虫鸟不仅捕食瓢虫，还捕食蝶蛾等多种无脊椎动物，而且食虫鸟本身也可能被鹰隼或猫头鹰捕食，甚至其鸟蛋也常常成为鼠类或其他动物的食物。可见，在生态系统中的生物成分之间通过能量传递关系存在着一种错综复杂的普遍联系，这种联系像是一个无形的网把所有生物都包括在内，使它们彼此之间都有着某种直接或间接的关系，这就是食物网。

食物网与生态平衡

一个复杂的食物网是使生态系统保持稳定的重要条件，一般认为，食物网越复杂，生态系统抵抗外力干扰的能力就越强；食物网越简单，生态系统就越容易发生波动和毁灭。假如在一个岛屿上只生活着草、鹿和狼。在这种情况下，鹿一旦消失，狼就会饿死。如果除了鹿以外还有其他的食草动物（如牛或羚羊），那么鹿一旦消失，对狼的影响就不会那么大。

反过来说，如果狼首先绝灭，鹿的数量就会因失去控制而急剧增加，草就会遭到过度啃食，结果鹿和草的数量都会大大下降，甚至会

同归于尽。如果除了狼以外还有另一种肉食动物存在，那么狼一旦灭绝，这种肉食动物就会增加对鹿的捕食而不致使鹿群发展得太大，从而就有可能防止生态系统的崩溃。

在一个具有复杂食物网的生态系统中，一般也不会由于一种生物的消失而引起整个生态系统的失调，但是任何一种生物的绝灭都会在不同程度上使生态系统的稳定性有所下降。当一个生态系统的食物网变得非常简单的时候，任何外力（环境的改变）都可能引起这个生态系统发生剧烈的波动。

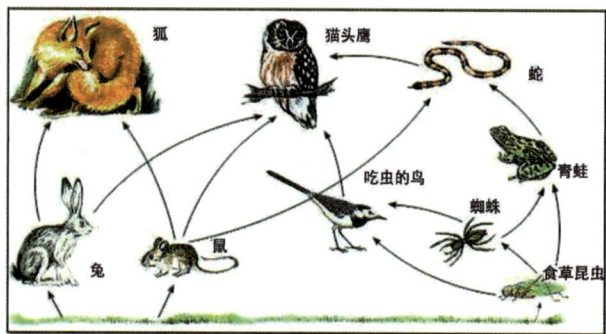

▲ 食物网

苔原生态系统是地球上食物网结构比较简单的生态系统，因而也是地球上比较脆弱和对外力干扰比较敏感的生态系统。虽然苔原生态系统中的生物能够忍受地球上最严寒的气候，但是苔原的动植物种类与草原和森林生态系统相比却少得多，食物网的结构也简单得多，因此，个别物种的兴衰都有可能导致整个苔原生态系统的失调或毁灭。例如，如果构成苔原生态系统食物链基础的地衣因大气中二氧化硫含量超标而导致生产力下降或毁灭，就会对整个生态系统产生灾难性影响。

　　草原上，狼吃羊和马，是人和牲畜的大敌，但是狼也吃田鼠和野兔，田鼠和野兔等又吃草，草又是羊和马的主要食物，羊和马又是人的主要食物来源。草原是一个伟大的母亲，养育着她的子民们，这些生物组成了一个庞大的生物王国，形成了环环相扣的食物链，它们相互制约，相互繁衍，与草原共同生存了几万年。如果人类因为狼吃牛羊，就采用了各种方法消灭狼以保护牛羊。他们最终会发现，这种做法是错误的。经过一段时间的杀戮，狼群被杀得七零八落。人们以为这样牛羊就会多起来，可是事情并不是这样的，狼口脱生的田鼠、野兔等大量繁殖，将大片大片的绿草吃光，经常将草连根拔起。草原失去了青青绿草，处处是裸露的黄色肌肤，许多地方变成了沙漠，整个草原笼罩在呛人的沙尘细粉之中，牛羊因为没有了鲜嫩的绿草，数量急剧减少。人们再也看不到一望无际辽阔的大草原了，再也没有风吹草低见牛羊的草原景观了。人类急功近利，破坏了食物链，最终也破坏了自己生活的美好家园。

32 臭名昭著的入侵者

　　1890 年，纽约市一位名为尤金·施福林的著名药品制造商是莎士比亚的崇拜者，一天，他走到中央公园，放飞了 60 只从外地买来的欧洲八哥。第二年，他又放飞了 40 只八哥。因为八哥是莎士比亚戏剧

生物群落的
时空跨越

▲惹来祸端的八哥

中提到的鸟，他想让美国人也能看到这种鸟。难道这不是好事吗？

但事与愿违，八哥繁殖得太快，导致天空中黑压压一大片，非常嘈杂，居民们被吵得烦躁不安，这是施福林始料不及的。据说，如今，八哥每年造成美国的农业损失高达8亿美元，还导致大量的飞鸟与飞机碰撞事件。

学海漫步

外来物种是对于一个生态系统而言，原来并没有该物种的存在，是借助人类活动越过自然状态下很难逾越的空间障碍而进入该生态系统的物种。在自然情况下，自然或地理条件构成了物种迁移的障碍，依靠物种的自然扩散能力进入一个新的生态系统是相当困难的。但是，现在人类有意或无意的活动却使物种的迁移范围越来越大。

如果这些外来物种在新的生态系统中入侵成功，能够自行繁殖和扩散，而且对当地的生态系统和景观造成了明显的改变，它们就变成外来入侵种。因此"外来"这个概念不是以国界，而是以生态系统来定义的。经常有人问为什么"四大家鱼"也成了外来物种，它们不是我国土生土长的物种吗？是的，四大家鱼在中国南方地区是当地的土著物种，如果它们被引入云南、青海、新疆等高海拔地区的水域中，它们就成了外来物种。云南高海拔水域中生物多样性减少的最主要原因就是外来鱼种的入侵。

外来入侵种的负面影响主要表现在以下几个方面。

1. 破坏景观的自然性和完整性

外来物种入侵后，如果条件适合就会扎根、繁殖，不断扩张，逐渐形成优势种，使得原有的天然植被景观遭到破坏，并阻碍植被的自然恢复。例如，凤眼莲原产南美，1901 年作为花卉引入中国，20 世纪五六十年代曾作为猪饲料推广，此后大量逸生。在昆明滇池内，1994 年凤眼莲的覆盖面积约达 10 平方千米，不但破坏当地的水生植被，堵塞水上交通，给当地的渔业和旅游业造成很大损失，还严重损害当地水生生态系统。

2. 摧毁生态系统

外来入侵物种可能会杀死或排挤当地植物，因而依靠当地植物生存的动物也就紧跟着大量减少，引起生态系统中物种的单一化，从而导致很多相应的生态问题，包括水土流失、火灾、虫灾以及当地特有生物资源丧失等，

▲ 凤眼莲

最终导致生态系统的崩溃。

3. 危害生物多样性

▲ 紫茎泽兰

入侵种中的一些恶性杂草，例如，紫茎泽兰、飞机草、小花假泽兰（薇甘菊）、豚草、小白酒草、反枝苋等种可分泌某些化合物抑制其他植物发芽和生长，排挤本土植物并阻碍植被的自然恢复。外域病虫害的入侵会导致严重灾害。原产日本的松突圆蚧于20世纪80年代初入侵我国南部，到1990年底，已有 1.3×10^5 公顷以上的马尾松林因受松突圆蚧的危害而枯死，松突圆蚧还侵害一些狭域分布的松属植物，如南亚松。原产北美的美国白蛾1979年侵入我国，仅辽宁省的虫害发生区就有100多种本地植物受到危害。

4. 影响遗传多样性

随着生境片段化，残存的次生植被常被入侵种分割、包围和渗透，使本土生物种群进一步破碎化，还可以造成一些物种的近亲繁殖和遗传变异。有些入侵种可与同属近缘种，甚至不同属的种杂交，例如，加拿大一枝黄花可与假著紫菀杂交。入侵种与本地种的基因交流可能导致后者的遗传侵蚀。在植被恢复中将外来种与近缘本地种混植，例如，在华北和东北国产落叶松产区种植日本落叶松，以及在海南国产海桑属产区栽培从孟加拉国引进的无瓣海桑，都存在相关问题，已有一些这些属间、种间杂交的报道。

开阔视野

几个臭名昭著的入侵物种

"蜜蜂杀手"

到今天，非洲采蜜蜂都被认为是一种攻击性极强的物种。它们曾用于以实验改善欧洲采蜜蜂在热带地区的繁殖能力。1957年，在巴西圣保罗市，26只非洲采蜜蜂蜂王被一个采蜂人无意中放走，这些蜂王和当地的雄蜂交配，然后产下杂交蜜蜂，这些杂交蜜蜂比纯种的蜜蜂更能适应当地环境和气候，而且具有很强的攻击性，被称为"蜜蜂杀手"。2007年，只在新奥尔良地区发现有这些杂交蜂，到了2009年，美国的犹他州也发现了它们的蜂巢。在美国南部，它们在不断地蔓延泛滥中。

▲ "蜜蜂杀手"

野兔侵略者

1859年，一位澳大利亚农场主托马斯·奥斯汀说："兔子的引进

不会产生什么危害，既可以家养，又可以放归自然，成为狩猎的对象。"于是他将24只灰色兔子放到野外，让他们自然生长。结果到19世纪末，澳大利亚的野兔数量多得惊人，以至于当地的原生植物、动物甚至土壤本身都到了崩溃的边缘。

▲野兔侵略者

鼠岛

据统计，老鼠已经入侵了世界上90％的岛屿，并造成了岛上超过60％的鸟类和爬行动物的灭绝。最著名的"鼠岛"是美国阿拉斯加州的阿留申群岛。1780年，一些老鼠从一艘失事的日本船上窜出，跑到一个岛上，由于岛上没有鼠类天敌，这里成了老鼠的乐园。它们捕食海鸟和鸟蛋使海鸟的数量急剧下降。鼠岛之所以著名，缘于美国政府用于保存栖息地，抵制外来入侵物种进行实验的一处基地。

▲鼠岛

2008年，一包一包的老鼠药洒遍了整个28平方千米的鼠岛。在2009年的6月，生物学家宣布鼠岛上的老鼠暂时得到了控制。

33 生物群落的演替

遐思一刻

在某一林区，一片土地上的树木被砍伐后辟为农田，种植作物；以后这块农田被废弃，在无外来因素干扰下，就发育出一系列植物群落，并且依次替代。首先出现的是一年生杂草群落；然后是多年生杂类草与禾草组成的群落；

▲群落演替

再后是灌木群落和乔木的出现，直到一片森林再度形成，替代现象基本结束。在这里，原来的森林群落被农业植物群落所代替，其发生原因是一种人为演替。此后，在撂荒地上一系列天然植物群落相继出现，主要是由于植物之间和植物与环境之间的相互作用，以及这种相互作用的不断变化而引起的自然演替过程。

生物群落的 时空跨越

什么是群落演替？

生物群落不是一成不变的，他是一个随着时间的推移而发展变化的动态系统。在群落的发展变化过程中，一些物种的种群消失了，另一些物种的种群随之而兴起，最后，这个群落会达到一个稳定阶段。像这样在生物群落发展变化的过程中，随着时间的推移，一个群落代替另一个群落的演变现象，称为群落的演替。

一片山坡上的丛林可因山崩全部毁坏，暴露出岩石面。但又可经地衣、苔藓、草类、灌木和乔木等阶段逐步再发育出一片森林，包括重新孕育出土壤。当一个群落的总初级生产力大于总群落呼吸量，而净初级生产力大于动物摄食、微生物分解以及人类采伐量时，有机物质便会积累。于是，群落便要增长一直达到生产与呼吸消耗平衡为止。这整个过程称为演替，而其最后的成熟阶段称为顶极。顶极群落生产力并不最大，但生物量达到极值而净生态生产量很低或甚至达到零；物种多样性可能最后又有降低，但群落结构最复杂而稳定性趋于最大。不同于个体发育，群落没有个体那样的基因调节和神经体液的整合作用，演替道路完全决定于物种间的相互作用以及物流、能流的平衡。因此顶极群落的特征一方面取决于环境条件的限制，一方面依赖于所含物种。

群落的演替包括初生演替和次生演替两种类型。

初生演替

在一个没有植物覆盖的地面上或原来存在植被，但后来被彻底消灭了的地方发生的演替。如裸岩、沙丘、火山岩上发生的演替。过程：发生于干燥地面的旱生演替系列。如果是发生在森林气候环境下，其演替系列可概括为：裸岩→地衣群落→苔藓群落→草本植物群落→灌木群落→乔木群落；发生于水域里的水生演替系列。如果发生在淡水湖泊里，其演替系列可概括为：开敞水体→沉水植物群落→浮叶植物群落→挺水植物群落→湿生植物群落→陆地中生或旱生植物群落。

▲ 裸岩上的演替

次生演替

次生演替即原来的植物群落由于火灾、洪水、崖崩、火山爆发、风灾、人类活动等原因大部消失后所发生的演替。由其他地方进入或残存的根系、种子等重新生长而发生的。可认为它是初生演替系列发展途中而出现的。这种逐渐发生的演替系列称为后成演替系列。

简单地说，初生演替就是从没有生命体的一片空地上植被类群的演替，而次生演替是在具有一定植物体的空地上进行的植被演替。

次生演替实例：在某一林区，一片土地上的树木被砍伐后作为农田，种植作物；以后这块农田被废弃，在无外来因素干扰下，就生长

生物群落的

时空跨越

出一系列植物群落，并且一次替代。首先出现的是一年生杂草群落；然后是多年生杂草群落与禾草组成的群落；再后来是灌木群落和乔木的出现，直到一片森林再度形成，替代现象基本结束。在这里，原来的森林群落被农业植物群落所代替，就其发生原因而论是一种人为演替。此后，在撂荒地上一系列天然植物群落相继出现，主要是由于植物之间和植物与环境之间的相互作用，以及这种相互作用的不断变化而引起的自然演替过程。

演替过程

群落演替的过程可人为划分为 3 个阶段：

1. 侵入定居阶段（先锋群落阶段）。一些物种侵入裸地定居成功并改良了环境，为后继入侵的同种或异种物种创造有利条件。

2. 竞争平衡阶段。通过种内或种间竞争，优势物种定居并繁殖后代，劣势物种被排斥，相互竞争过程中共存下来的物种，在利用资源上达到相对平衡。

3. 相对稳定阶段。物种通过竞争，平衡地进入协调进化，资源利用更为充分有效，群落结构更加完善，有比较固定的物种组成和数量比例，群落结构复杂，层次多。

开阔视野

在自然界里，群落的演替是普遍现象，而且是有一定规律的。人们掌握了这种规律，就能根据现有情况来预测群落的未来，从而正确的掌握群落的动向，使之朝着有利于人类的方向发展。例如，在草原地区应该科学的分析牧场的载畜量，做到合理放牧。

34 湖泊变身成为森林

还记得当年中国红军所走过的草地吗？水草纵横无边无际，茂密的草茎和腐草下面，是淤黑的积水，表面十分松软，人走在上面，稍不留意就有性命之忧，这就是沼泽地。

▲ 水草丛生的沼泽

你知道湖泊是怎么演变成沼泽地的吗？在气候湿润的地区，河水挟带着泥沙汇入湖泊，因为水面的突然变宽，水流速度减慢，携带泥沙的能力减弱，泥沙便在湖边沉积下来，形成浅滩。还有一些微小的物质，随着水流漂到湖泊宽广处，沉积到湖底。随着时间的推移，湖泊变得越来越浅，并且在湖水深浅的不同位置，各种水生植物逐渐繁殖起来。在湖泊深处，生长着眼子菜等各种藻类；在较深地带，生长着浮萍、睡莲、水浮莲等；在沿岸浅水区，生长着芦苇、香蒲等。它们不断生长、死亡，大量腐烂的残体，不断在湖底堆积，最终形成泥炭。随着湖底逐渐淤浅，新的植物又出现，并从四周向湖心发展，湖泊变得越来越浅，越来越小。最后原来水面宽广的湖泊就变成了浅水汪汪、

水草丛生的沼泽。那么接下来，沼泽地又如何变化呢？

学海漫步

水生群落的演替：从湖底开始的水生群落的演替，属初生演替类型。现以淡水池塘或湖泊演替为例，其演替过程包括以下几个阶段。

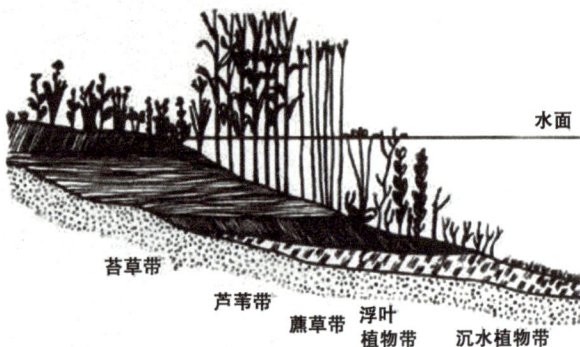

▲ 池塘水生植物的演替

在一般的淡水湖泊中，只有在水深5~7米以内的湖底，才有较大型的水生植物生长，而在水深超过5~7米时，便是水底的原生裸地。

1. 裸底阶段

主要表现为有机质的沉积。此阶段中，湖泊里的生物主要是浮游生物，其死亡残体将增加湖底有机质的聚积。同时由于沿岸植物深入到池中，池中的浮游植物和其他生物的生命活动所产生的有机物也在池底沉积起来，天长日久，使湖底逐渐抬高。另外，湖岸雨水冲刷而带来的矿物质微粒的沉积也逐渐提高了湖底。

2. 沉水植物阶段

在水深5~7米处，出现的沉水的轮藻属植物，构成湖底裸地上的先锋植物群落。轮藻属植物的生物量相对较大，由于它的生长，湖底

▲ 自由漂浮的植物

有机质积累加快，同时它们的残体在无氧条件下，分解不完全，自然也就使湖底的抬升速度加快。当水深至2~4米时，金鱼藻、狐尾藻等高等水生植物种类出现，它们生长繁殖能力强，垫高湖底的作用能力更强。鱼类等典型的水生动物减少，而两栖类和水蛭等动物增多。

3. 浮叶根生植物阶段

随着湖底的日益变浅，浮叶根生植物开始出现，如眼子菜属、睡莲属、荇菜属等。一方面由于其自身生物量较大，残体对进一步抬升湖底有很大的作用，另一方面由于这些植物叶片

▲ 睡莲

漂浮在水面，当它们密集时，就使得水下光照条件很差，不利于水下沉水植物的生长迫使沉水植物向较深的湖底转移，这样又起到了抬升湖底的作用。另外，这些植物死亡的组织具有较丰富的物质，腐败较缓慢，加速湖底的抬高过程。

4. 挺水植物阶段

▲ 芦苇

浮叶根生植物使湖底大大变浅，为直立水生植物的出现创造了良好的条件。最终直立水生植物，如芦苇、香蒲、泽泻等取代了浮叶根生植物。这些植物的根茎极为茂密，常纠缠交织在一起，使湖底迅速抬高，而且有的地方甚至可以形成一些浮岛。原来被水淹没的土地开始露出水面与大气接触，生境开始具有陆生植物生境的特点。这一阶段鱼类进一步减少，而两栖类和水生昆虫进一步增加。

5. 湿生草本植物阶段

湖水中升起的地面，含有极丰富的有机质，土壤水分近于饱和。湿生的沼泽植物开始生长，如莎草、苔草、蔗草等属的一些种类组成。由于地面蒸发和地下水位下降，土壤很快变得干燥，湿生的草类很快为旱生草类所代替。若该地区适于森林的发展，则该群落将会继续向森林方向进行演替。

6. 木本植物阶段

在湿生草本植物群落中，首先出现湿性灌木，继而乔木侵入逐渐形成森林。原有的湿生生境，逐渐改变为中生生境。群落内的动物种类也逐渐增多，脊椎动物和无脊椎动物，以及微生物等均有分布，尤其是大型经济兽类，以森林为隐蔽所，进行生存和繁衍。

由此看来，整个水生演替系列就是湖泊填平的过程。这个过程是从湖泊的周围向湖泊中央依次发生的。因此，比较容易观察到，在从湖岸到湖心的不同距离处，分布着演替系列中不同阶段的群落环带。每一带都为次一带的"进攻"准备了土壤条件。

🔍 开阔视野

不仅湖泊能演变成森林，有时候也可以反过来！在森林地区，枯枝落叶不断在林下堆积，就像给地面盖了一层很厚的被子，既能大量积蓄雨水，又能减少土壤水分蒸发，使之保持着过度湿润的状态。在碳化过程中，土壤中大部分的矿物养分流失，使草木死亡，繁茂的苔藓植物取而代之。苔藓植物能保留大量水分，使植物残体的分解过程减慢，泥炭逐渐堆积，并形成沼泽。我国大、小兴安岭森林中的沼泽地就是这样形成的。

35 从岩石上长出来的树

❓ 遐思一刻

1883 年 8 月 7 日，印度尼西亚某岛火山爆发，碎屑及岩浆沉积厚

生物群落的 时空跨越

达60米，附近生物全部被消灭，成了一片裸地。一年之后，地面上稀稀疏疏长出了草，人们还在地中找到了一个蜘蛛。到了1909年，已有

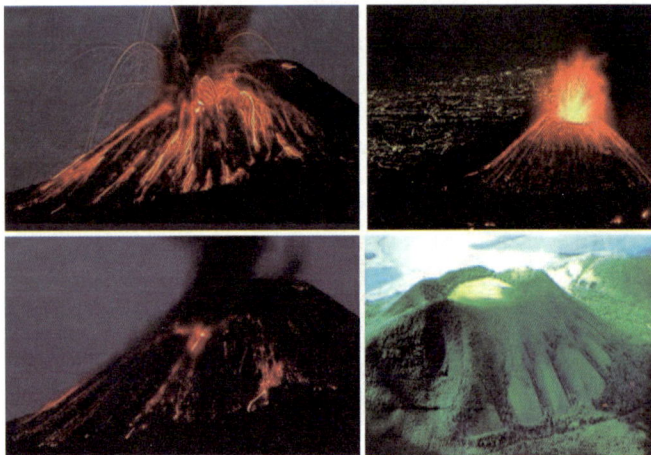

▲ 火山的喷发和演替

202种动物生活于这块新的土地上了。1919年动物种增加到621个，1934年增加到880个。在此期间植物也逐渐繁茂起来，出现了一个小的树林，这是一个极好的初级演替全过程的实例。

学海漫步

我们知道从一个未被生物占领过的原始裸地或湖泊开始的演替称为初级演替，但上例讲的是在周围有繁茂的生物群落情况下的初级演替，所以时间很短。实际上初级演替一般说来是一个漫长的过程，包括很多阶段。

例如，从一个原始的岩石地区形成一个顶极群落的阔叶林，要经过下面的几个阶段：

1. 地衣阶段 这是最早的阶段，在没有任何生物地方，地衣可以生活，它极耐干旱，可长在岩石上，并能溶解岩石，从岩石中摄取矿

▲ 原始岩石地区

物质（无机离子），也能吸收雨水中溶解的矿物质。地衣中的藻类或蓝藻在有雨水时还能进行光合作用。地衣死后，它的残体为细菌所分解，残体中的矿物质又可为别的地衣所用。岩石风化而成的碎屑，如果没有地衣存在，则为风雨吹洗而失去。有了地衣，碎屑为地衣所阻留，碎屑和矿物质、地衣死后生成的腐殖质、以及细菌等日积月累而形成岩石表层的土壤。有了土壤，就可以把雨水留住，这样就为苔藓一类植物创造了生存的条件。地衣的这种"开创"作用使它获得了自然群落的先驱者的美称。

2. 苔藓阶段　地衣为苔藓的生存创造了条件。苔藓在雨水充足时可进行光合作用，大量生长，在天气干旱时以耐旱的孢子度过这一不

▲ 长满地衣的岩石

▲ 苔藓阶段

良季节。苔藓植物比地衣能更好地利用日光，繁殖力也强，因而它们终于顶替了地衣而居于主导地位，而岩石风化产生的颗粒也被更有效地保存于原地。苔藓死后的残体为细菌、真菌等分解而产生腐殖酸类物质和各种矿物质。前者有分解岩石的作用，后者被保存于土壤中或被新一代植物所吸收。所以这一阶段是含有细菌、真菌、腐植酸、无机盐等的土壤逐步形成的阶段。同时一些动物如螨、蚂蚁以及蜘蛛等也逐渐出现。

3. 草本植物阶段 当土壤厚度增加到足够保持湿度的时候，草本植物的幼苗就能够存活，并逐渐发展而取代苔藓。这时，昆虫、蜗牛等以及小型的哺乳动物开始侵入并各自找到自己的生态位，土壤中的营养物也逐渐丰富起来。

4. 灌木阶段 首先出现喜光的灌木，随着灌木扩张，而草本植物逐渐衰败下来。随着草类的衰败，昆虫种类也将略有减少，而鸟类则由于树木提供了栖息地而增多。

5. 树林阶段 在灌木丛中，乔木生长起来，最终占有优势。乔木的树冠连成一片，其下荫蔽而缺少日光，一些耐荫的灌木和草本植物继续生存下去。这时，地面潮湿，苔藓重新长出，树木枯死倒在地面。

腐食生物把枯木分解，形成丰富的腐殖质。树林生长中，有些树种成为优势种。这时群落终于达到了演替的顶极：包括一种或几种优势树木的阔叶林，林下有灌木，草本植物及苔藓等，及各种生活在其中的动物，如鸟类、哺乳类、蜘蛛、昆虫等。

▲ 灌木阶段的生物

此演替也属于旱生演替。应该指出的是，在旱生演替系列中，地衣和苔藓植物阶段所需时间最长，草本植物群落到灌木阶段所需时间较短，而到了森林阶段，其演替的速度又开始放慢。

由此可以看出，旱生演替系列就是植物长满裸地的过程，是群落中各种群之间相互关系的形成过程，也是群落环境的形成过程，只有在各种矛盾都达到统一时，才能从一个裸地上形成一个稳定的群落，到达与该地区环境相适应的顶极群落。

🔍 开阔视野

生态演替的最终阶段是顶极群落。顶极群落是最稳定的群落阶段，其中各主要种群（如某种阔叶林、松或牧草等）的出生率和死亡率达到平衡，能量的输入与输出以及生产量和消耗量（如呼吸）也都达到

173

了平衡。只要气候、地形等条件稳定，不发生意外，顶极群落可以几十年几百年保持稳定而不再发生演替。现在地球上的群落大多是在没有人为干扰下经过亿万年的演替而达到的顶极群落。

总之，群落演替的结果使不稳定的、生产量低的群落逐步达到物种丰富、能最高效率地利用日光能的稳定的顶极群落。

36 森林群落的次生演替

遐思一刻

▲原生植被

在天然条件下，缺少外界因素或人为严重干扰的各类植物群落，统称为原生植被。例如云杉林就是我国东北地区山地，以及我国西部和西南地区亚高山的一种原生植物群落的类型；羊草草原则是我国北部温带干燥地区的一种原生植物群落。原生植被受到破坏，就会发生次生演替。它最初发生是外界因素的作用引起的，除开垦荒地、森林采伐、草原放牧和割草以外，还有火烧、病虫害、严寒、干旱、水灾、冰雹等，但是，最主要和最大规模的是人为的活动。因此，对于次生演替的研究具有重要的实际意义。因为在我们利用和改造植被的工作中，我们所涉及的都是次生演替的问题。

🔊 学海漫步

森林受到严重破坏之后，其恢复过程较缓慢，一般都要经过草本植物期、灌木期和盛林期。采伐演替的特点，取决于森林群落的性质，采伐方式，采伐强度，以及伐后对森林环境的破坏等。现以云杉林采伐为例，云杉是我国北方针叶林中优良用材，也是西部和西南部地区亚高山针叶林中的一个主要森林群落类型。在云杉林被采伐后，一般要经过采伐迹地阶段，也就是森林采伐的消退期；小叶树种阶段，

▲森林资源

适合于一些喜光的阔叶树种，如桦树、山杨等；云杉定居阶段，由于桦树、山杨等上层树种缓和了林下小气候条件的剧烈变动，又改善了土壤环境，因此，阔叶林下已经能够生长耐阴性的云杉和冷杉幼苗；云杉恢复阶段，经过一个时期，云杉的生长超过了桦树和山杨，于是云杉组成森林的上层，桦树和山杨因不能适应上层遮阴而开始衰亡。过了较长时间，云杉又高居上层，造成茂密的遮阴，在林内形成紧密

生物群落的
时空跨越

▲百灵

的酸性落叶层。于是又形成了单层的云杉林。森林采伐后的复生过程，并不单纯决定于演替各阶段中不同树种的喜光或耐阴性等特性，还决定于综合生境条件变化的特点。

对于次生群落的改造和利用已引起人们的注意。各种次生群落中都有一些可利用的植物，如含油脂的、生物碱的以及含各类芳香油的原料植物或其他用途的植物。在研究次生演替的同时，对于各种次生群落，要按其可利用的价值分别对待。对有一定经济价值的种类，采用留优去劣的办法加以培育，以提高整个群落的产量和质量。另外还可采用人工播种或种植的方法，扶植一些有经济价值的种类，对原有群落加以改造。在直接利用次生群落时，首先要了解次生群落只是次生演替系列的一个阶段，虽具有生长较快和有较大可塑性特点外，同时，又要注意它的不稳定性，否则就达不到利用的目的。

根据美国纽约州的研究，在森林演替过程中，动物的演替也是明显的。田鼠、百灵、蝗雀等是草本植物期的代表动物。随着树木的出现，成层现象趋于明显，前期的代表动物，被白足鼠等代替。每一个演替期都有其特有的代表动物。

群落的演替，无论是旱生演替系列或是水生演替系列，都显示演替总是从先锋群落经过一系列的阶段，达到中生性的顶极群落。这样的沿着顺序阶段向着顶极的演替过程，称之为进展演替，反之，如果是由顶极群落向着先锋群落演替，则称为逆行演替。后者是在人类活动影响下发生的，其特点具有大量的、特殊适应于不良环境的特有种、群落结构简单化、群落生产力降低等特点，如草原代替森林，就有逆行演替性质。

🔍 开阔视野

人类对于天然植被资源的开发利用，最为广泛和经常的是森林采伐和草场放牧或割刈。森林被采伐或草原强度放牧以后，就引起这些类型的植物群落深刻变化，使原来的群落变成另外一种类型。但是这种变化的方向却和群落在自然条件下由简单到复杂、由低级到高级的自然发展相反，因此，当采伐、放牧、割刈等对群落的干扰作用继续进行时，植物群落的性状就朝着低级群落的类型退化，这就是群落的消退，甚至造成"人为荒漠化"。要恢复消退的植物群落往往需要相当长的时间，例如被砍伐的云杉林，如果靠其自然演替，从采伐迹地恢复成林，要80~100年的复生过程，而且，复生不等于复原。

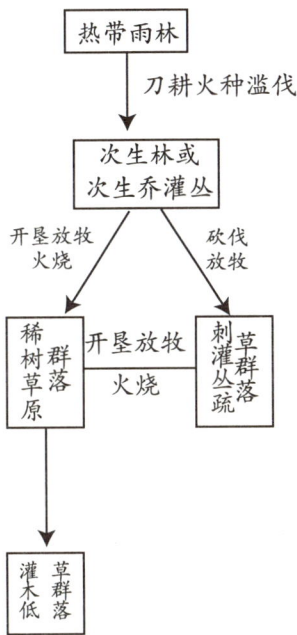

▲ 森林群落的次生演替

人类利用转基因技术获得的植物物种特性将改变群落的自然演替进程，加快裸地的改造和群落建设，恢复植被并改善环境。但是，为了保护生物多样性，人类还是应该首先保护好天然植被和群落。

生物群落的

时空跨越

37 生物群落演替的原因

由于气候变迁、洪水、火烧、山崩、动物的活动和植物繁殖体的迁移散布，以及因群落本身的活动改变了内部环境等自然原因，或者由于人类活动的结果，使群落发生根本性质变化的现象也是普遍存在的。

学海漫步

生物群落演替的原因

生物群落演替的主要原因可归纳为外因演替和内因演替两种类型：

外因演替

外因演替是指由于外部环境的改变所引起的生物群落演替。如气候性演替，是气候变化而引起的演替，其中，气候的干湿度变化是主要的演替动力。土壤性演替，是由于土壤条件

▲人类活动对群落演替的影响

178

向一定方向改变而引起的群落演替。动物性演替，是由于动物的作用而引起的群落演替。例如，原来以禾本科植物为优势的草原，植株较高种类较多，在经常放牧或过度放牧之后，即变成以细叶莎草为优势成分的低矮草原。火成演替，是指由于火灾的发生引起的群落演替。人为因素演替，是指在人为因素干扰之下，引起的群落演替。在所有外因性动态演替中，人类活动对自然界的作用而引起的群落演替，占有特别显著和特别重要的地位。

内因演替

内因动态演替是指在生物群落里，群落成员改变着群落内部环境，

▲阔叶红松林

改变了的内部环境反过来又改变着群落成员。这种循环往复的进程所引起的生物群落演替，称为内因演替。同时，在一个生物群落内，由于各群落成员之间的矛盾，即使群落的外部、内部环境没有显著的改变，群落仍进行着演替，也称为内因演替。

如东北东部山地的阔叶红松林受破坏之后，林地裸露，光照条件增强，其他生态因子也发生相应变化。这时，原来群落中或附近生长的山杨、桦树等阳性树种，以其结实丰富、种粒小、传播能力强而很快进入迹地，又以其发芽迅速、幼苗生长快、耐日灼、耐霜冻等特性，适应迹地的环境条件而迅速成林，实现定居。杨桦林在其形成过程中，逐步改变了迹地条件而形成一个比较耐荫而中生的群落生境。在这个

新的群落生境中，红松种子虽然发芽困难、幼年期生长缓慢，但它幼年期耐庇荫，适应中生环境，因而，当种源充足时，能够得到良好的更新。相反，在这个新的群落生境中，杨桦类阳性树种的幼苗由于得不到充足的光照而逐渐枯死，无法更新。随着年龄的增加，红松进入林冠上层与杨桦木争夺营养空间。杨桦木由于不耐荫，寿命较短，逐渐衰退死亡，终于被红松林所更替。

内因演替与外因演替是两个相对的过程，一般情况下，二者同时存在，自然界有许多成熟的群落由于周期性的干旱、水灾等而重现周期性演替现象。每一类型的演替，除了受本类型的主导条件影响外，还在一定程度上受着其他类型的演替条件的影响。

控制演替的几种主要因素

生物群落的演替是群落内部关系（包括种内和种间关系）与外界环境中各种生态因子综合作用的结果。到目前为止，人们对于演替的机制了解得还不够。要搞清演替过程中每一步发生的原因以及有效地预测演替的方向和速度，还有大量的工作要做。因此，下面列出的仅是部分原因。

植物繁殖体的迁移、散布和动物的活动性

植物繁殖体的迁移和散布普遍而经常地发生着。因此，任何一块地段，都有可能接受这些扩散来的繁殖体。当植物繁殖体到达一个新环境时，植物的定居过程就开始了。植物的定居包括植物的发芽、生长和繁殖三个方面。我们经常可以观察到这样的情况：植物繁殖体虽到达了新的地点，但不能发芽；或是发芽了，但不能生长；或是生长

到成熟，但不能繁殖后代。只有当一个种的个体在新的地点上能繁殖时，定居才算成功。任何一块裸地上生物群落的形成和发展，或是任何一个旧的群落为新的群落所取代，都必然包含有植物的定居过程。因此，植物繁殖体的迁移和散布是群落演替的先决条件。

对于动物来说，植物群落成为它们取食、营巢、繁殖的场所。当然，不同动物对这种场所的需求是不同的。当植物群落环境变得不适宜它们生存的时候，它们便迁移出去另找新的合适生境；与此同时，又会有一些动物从别的群落迁来找新栖居地。因此，每当植物群落的性质发生变化的时候，居住在其中的动物区系实际上也在作适当的调整，使得整个生物群落内部的动物和植物又以新的联系方式统一起来。

群落内部环境的变化

这种变化是由群落本身的生命活动造成的，与外界环境条件的改变没有直接的关系；有些情况下，是群落内物种生命活动的结果，为自己创造了不良的居住环境，使原来的群落解体，为其他植物的生存提供了有利条件，从而引起演替。

在某草原弃耕地恢复的第一阶段中，向日葵的分泌物对自身的幼苗具有很强的抑制作用，但对第二阶段的优势种的幼苗却不产生任何抑制作用。于是向日葵占优势的先锋群落很快为其他群落所取代。

种内和种间关系的改变

组成一个群落的物种在其内部以及物种之间都存在特定的相互关系。这种关系随着外部环境条件和群落内环境的改变而不断地进行调整。当密度增加时，不但种群内部的关系紧张化了，而且竞争能力强的种群得以充分发展，而竞争能力弱的种群则逐步缩小自己的地盘，甚至被排挤到群落之外。这种情形常见于尚未发育成熟的群落。处于

生物群落的 时空跨越

成熟、稳定状态的群落在接受外界条件刺激的情况下也可能发生种间数量关系重新调整的现象，进而使群落特性或多或少地改变。

外界环境条件的变化

汶川地震前的美景——卧龙熊猫基地

震后熊猫家园遭到重创

▲地震的破坏力

虽然决定群落演替的根本原因存在于群落内部，但群落之外的环境条件诸如气候、地貌、土壤和火等常可成为引起演替的重要条件。气候决定着群落的外貌和群落的分布，也影响到群落的结构和生产力，气候的变化，无论是长期的还是短暂的，都会成为演替的诱发因素。地表形态（地貌）的改变会使水分、热量等生态因子重新分配，转过来又影响到群落本身。大规模的地壳运动如冰川、地震、火山活动等，可使地球表面的生物部分完全毁灭，从而使演替从头开始。小范围的地表形态变化（如滑坡、洪水冲刷）也可以改造一个生物群落。土壤的理化特性对于置身于其中的植物、土壤动物和微生物的生活有密切的关系；土壤性质的改变势必导致群落内部物种关系的重新调整。火也是一个重要的诱发演替的因子，火烧可以造成大面积的次生裸地，演替可以从裸地上重新开始；火也是群落发育的一种刺激因素，它可使耐火的种类更旺盛地发育，而使不耐火的种类受到抑制。当然，影响演替的外部环境条件并不限于上述几种。凡是与群落发育有关的直接或间接的生态因子都可成为演替的外部因素。

人类的活动

人对生物群落演替的影响远远超过其他所有的自然因子，因为人类社会活动通常是有意识、有目的地进行的，可以对自然环境中的生态关系起着促进、抑制、改造和建设的作用。放火烧山、砍伐森林、开垦土地等，都可使生物群落改变面貌。人还可以经营、抚育森林，管理草原，治理沙漠，使群落演替按照不同于自然发展的道路进行。人甚至还可以建立人工群落，将演替的方向和速度置于人为控制之下。

▲ 人类活动对群落演替的影响

🔍 开阔视野

群落中植物种群特别是优势种的发育而导致群落内光照、温度、水分状况的改变，也可为演替创造条件。例如，在云杉林采伐后的林间空旷地段，首先出现的是喜光草本植物。但当喜光的阔叶树种定居下来并在草本层以上形成郁闭树冠时，喜光草本便被耐阴草本所取代。以后当云杉伸于群落上层并形成郁闭树冠时，原来发育很好的喜光阔叶树种便不能更新。这样，随着群落内光照由强到弱及温度变化由不

时空跨越

稳定到较稳定，依次发生了喜光草本植物阶段、阔叶树种阶段和云杉阶段的更替过程，也就是演替的过程。

38 人类活动对生物群落演替的影响

遐思一刻

马来西亚超过8万平方千米热带雨林因油棕种植遭到破坏，青龙山自然景观遭破坏，腾冲云峰山自然景观因开采矿石遭破坏，海南保命林成了养虾塘，毁林开荒造成土地荒漠化，房产开发毁坏林田，工厂排放废水使本来清澈见底的河流污浊不堪、臭气熏天，捕杀害虫的天敌引发林木病虫害；印度捕杀水獭使病鱼增多，鱼产量下降；这些后果的产生都是由于人类活动对生物群落的正常演替产生了不良的影响。

1982年原产美国的松材线虫在我国南京中山陵附近首次发现，到2001年，已经在江苏、安徽等10多个省80多个县（市）发现松材线虫，每年致死松树600多万株，造成的直接经济损失数十亿元。随着我国对外交流活动的不断增多，防止外来入侵生物的危害，已成为保护生态环境的一项重要而艰巨的任务。

学海漫步

曾几何时，人们乱砍滥伐，使大自然的生态平衡遭到了破坏。沙丘吞噬了万顷良田，洪水冲毁了可爱的家园，大自然的报复让人类尴

▲污水排放、森林砍伐

尬哑然。梅水溪曾经说过，没有自然，便没有人类，这是朴素的真理。一味地掠夺自然，征服自然，只会破坏生态系统，使人类濒于困境。有句话说得一点也不错，人不给自然留面子，自然当然也不会给人留后路，1998年洪水、2000年的沙尘暴，这都是大自然向人类发出的警示。

曾几何时，人们乱捕乱杀各种生物，使这些人类的朋友惨遭涂炭。从大学生的伤熊事件到愚昧的人们的疯狂捕猎，人类是否也将要把枪口对准自己？切记，保护动物就等于保护我们自己。

曾几何时，战争的爆发，炮火的破坏，核辐射的威胁，使我们赖以生存的星球满目疮痍。广岛、长崎上空的蘑菇云已经散去了半个多世纪，可那里依然还是不毛之地。由此可见，和平是全人类绿色环保的重要前提。

人类活动对群落演替影响的另一个重要方面，表现在外来物种的入侵。人类活动有时会有意或无意地将一种新的物种引入到某一群落之中。在适宜的条件下，这些脱离了原有生物之间相互作用关系的新物种往往会大肆扩散和蔓延开来，迅速成为优势种，打破原有群落的稳定性，危及已有物种特别是珍稀濒危物种的生存，造成生物多样性的丧失，对当地经济、社会造成巨大危害；与人类对环境的直接破坏不同，外来入侵物种对环境的破坏及对生态系统的威胁是

长期的、持久的。当人类停止对某一环境的污染后，该环境一般会逐渐恢复，而当一种外来物种停止传入一个生态系统时，已传入的该物种个体并不会自动消失，由外来物种入侵导致的本地物种的灭绝往往是不可恢复的。

🔍 开阔视野

我国水土流失造成的严重后果，使我们认识到必须与大自然和谐相处，绝不能以牺牲环境和浪费资源为代价求得一时的发展，必须走可持续发展道路，处理好经济发展同人口、资源、环境的关系，致力于生活环境的改善。人类可以砍伐森林、

▲水体污染

填湖造地、捕杀动物，也可以封山育林、治理沙漠、管理草原。人类活动往往会使群落演替按照不同于自然演替的速度和方向进行。人类活动往往是有目的、有意识地进行的，可以对生物之间、人类与其他生物之间以及生物与环境之间的相互关系加以控制，甚至可以改造或重建起新的关系。

图书在版编目（CIP）数据

生物群落的探究 /《科学新探索读本》丛书编写组
编 . -- 北京 : 中国地图出版社 , 2011.4
（科学新探索读本）
ISBN 978-7-5031-5959-6

Ⅰ.①生… Ⅱ.①科… Ⅲ.①动物行为－青年读物②
动物行为－少年读物 Ⅳ.① Q958.12-49

中国版本图书馆 CIP 数据核字（2011）第 068961 号

科学新探索读本 · 生物群落的探究

出版发行	中国地图出版社			
社　址	北京市西城区白纸坊西街 3 号	**邮政编码**	100054	
电　话	010-83543902 83543949	**网　址**	www.sinomaps.com	
印　刷	大厂回族自治县彩虹印刷有限公司	**经　销**	新华书店	

成品规格	148mm×210mm	**开　本**	1/32	
印　张	6	**字　数**	180 千字	

版　次	2011 年 4 月第 1 版	**印　次**	2015 年 9 月河北第 3 次印刷	
定　价	18.00 元			

书　号　ISBN 978-7-5031-5959-6/G · 2196

如有印装质量问题，请与我社发行部联系调换